高压直流输电系统换流站设备继电保护

林　圣　何正友　著

科学出版社

北　京

内 容 简 介

我国已建成世界上规模最大、电压等级最高的交直流混联电网。随着交直流耦合程度日趋加深，高压直流输电系统换流站内部的故障及非故障动态特性更为复杂，需要进一步探索更具适应性的换流站设备保护方法。本书针对换流站中的换流器、换流变压器、直流滤波器、接地极引线等几大关键设备，系统性地研究了其故障特征及现有工程保护配置方案的适应性，同时就目前保护存在的问题，提出了相应的改进或优化方法。全书按设备类别分章编写，共5章，分别为绪论、换流器保护、换流变压器保护、直流滤波器保护和接地极线路保护。

本书可供从事高压直流输电系统相关研究的技术人员、高校电力相关专业师生学习、参考。

图书在版编目(CIP)数据

高压直流输电系统换流站设备继电保护 / 林圣，何正友著. —北京：科学出版社，2024.5

ISBN 978-7-03-068630-5

Ⅰ. ①高… Ⅱ. ①林… ②何… Ⅲ. ①特高压输电-直流换流站-电气设备-继电保护 Ⅳ. ①TM63

中国版本图书馆CIP数据核字(2021)第071313号

责任编辑：范运年 / 责任校对：王萌萌
责任印制：师艳茹 / 封面设计：蓝正设计

科 学 出 版 社 出版
北京东黄城根北街16号
邮政编码：100717
http://www.sciencep.com
北京中石油彩色印刷有限责任公司印刷
科学出版社发行 各地新华书店经销
*
2024年5月第 一 版 开本：720 × 1000 1/16
2024年5月第一次印刷 印张：10 1/4
字数：201 000

定价：118.00 元

(如有印装质量问题，我社负责调换)

前　言

目前，我国东北、华北、西北、华中、华东、南方等 6 个大型区域电网通过超/特高压交、直流输电线路实现互联，其中直流占比超 70%，已形成世界上规模最大、电压等级最高的交直流混联电网。在交直流混联电网中，高压直流输电系统换流站承担着交、直流电能转换的关键任务。换流站中包含换流器、换流变压器、直流滤波器等关键设备，各类设备故障特性迥异、保护配置复杂，充分研究换流站设备保护对于避免设备安全威胁、保护大电网的安全稳定运行具有重要意义，应引起重视。

本书是作者对近年来在高压直流输电系统换流站设备保护方面所取得的研究成果的总结。全书共 5 章，按设备类别分章编写，包括以下内容：第 1 章总述高压直流输电的发展现状及换流站中的关键设备，并简要介绍直流输电系统的保护功能配置与分区；第 2 章分析换流器的故障特性及现有工程保护的适应性，重点探讨后备保护的优化方案，最后提出换流器故障定位方法；第 3 章简要介绍换流变压器的接线方式、典型故障与保护配置，提出基于小波能量熵的换流变压器差动保护方案；第 4 章探讨直流滤波器的故障特征及保护适应性，分别给出基于特征谐波阻抗比的直流滤波器高压电容器接地故障保护、基于电容参数识别的直流滤波器高压电容器开路故障保护；第 5 章介绍基于特征谐波阻抗的接地极线路保护及故障定位方法。

作者的博士研究生导师何正友教授对本书的撰写做了指导。参与各章节整理工作的博士研究生和硕士研究生有刘磊、牟大林、刘健、雷雨晴、许婷苇、方贵、钟文梁等。本书也吸取和参考了作者近年指导或协助指导的博士研究生(邓瑜佳等)、硕士研究生(孙沛瑶、张海强、牟大林等)的部分成果，向他们表示最真诚的感谢!

本书的相关研究得到国家重点研发计划“智能电网技术与装备”重点专项“大型交直流混联电网运行控制和保护”(编号：2016YFB0900600)子课题“大型交直流混联电网故障特性分析与保护”(编号：2016YFB0900603)的资助。本书在编写出版过程中，也得到许多专家和领导的指导和支持，在此深表感谢。

由于作者的水平和经验所限，书中难免有疏漏之处，请读者不吝指正。

作　者

2023 年 11 月 30 日

目　　录

1 绪　论

1.1 高压直流输电系统概况

高压直流(high voltage direct current, HVDC)输电系统是一种采用直流电传输电能的系统。因为传统电力系统的发电侧和用电侧大多采用的是交流电，所以为了实现直流电能传输，高压直流输电系统需要利用换流技术，即在功率送端通过整流站将交流电变换为直流电，而在功率受端则通过逆变站将直流电变换为交流电。与传统的高压交流输电方式相比，高压直流输电具备的主要优势在于它能以更低的线路损耗实现远距离、大容量的电能传输。此外，高压直流输电方式还具备很多优点，例如不存在交流系统的频率稳定问题、非同步电网互联方便、传输功率控制灵活，以及直流导线整体造价低等。由于具备上述优势，高压直流输电系统已被广泛应用于远距离大容量电能传输、地下和海底电缆输电、大规模新能源电源的集中接入及非同步电网互联等方面[1, 2]。

高压直流输电技术起源于20世纪50年代。1954年，瑞典在本土和格特兰岛之间建成一条海底电缆直流输电线，是世界上第一条工业性的高压直流输电线。20世纪60年代晶闸管的出现，为换流设备的制造开辟了新的前景。此后，基于电网换相换流器(line commutated converter，LCC)的高压直流输电飞速发展，在长距离、大容量电力传输中发挥举足轻重的作用。

我国地域辽阔，一次能源与用电负荷逆向分布，80%以上的能源分布在西部、北部，而75%左右的电能消费集中在中部、东部沿海经济发达地区，供需相距800～3000km，能源配置优化面临巨大挑战。为把电能从能源密集区输送至负荷密集区，地理和物理条件决定了我国需要形成“西电东送、北电南送”的输电格局。预计到2030年，我国跨区域电力输送容量将达到5亿kW以上。高压直流输电可有效解决新能源送出、负荷中心电力供应的迫切需求，在提高输送能力的同时有效节约输电线路走廊宽度，优化电网结构，缓解我国电力工业发展所面临的能源和环境的压力。因此，建设直流输电工程成为我国电力工业发展的必由之路。

目前，我国东北、华北、西北、华中、华东、南方等6个大型区域电网通过超/特高压交、直流输电线路实现互联(其中直流占比超70%)，已形成世界上规模最大、电压等级最高的交直流混联电网。

1.2 换流站设备概述

高压直流输电系统由 3 部分组成，即整流站、输电线路和逆变站。其中，整流站和逆变站统称为换流站。对于同一个高压直流输电工程而言，整流站和逆变站的设备种类、设备数量甚至设备布置方式几乎完全一样，仅仅在少数设备的台数和容量方面有所差别。高压直流输电系统大量关键设备是满足交、直流系统对安全稳定及电能质量的要求的必要条件，主要设备有换流器、换流变压器、平波电抗器、滤波器、开关设备、输电线路及接地极等，如图 1.1 所示。

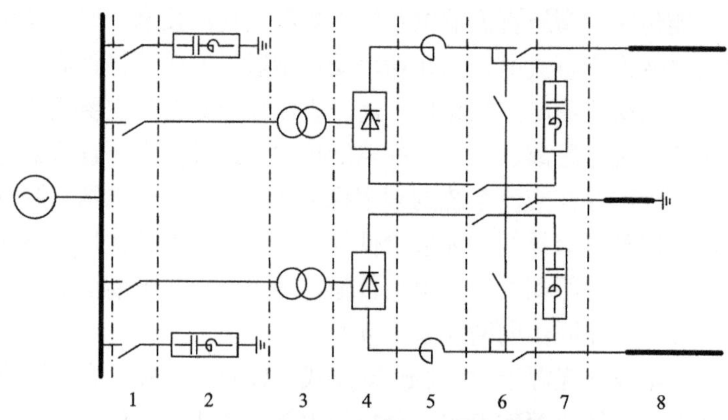

图 1.1 高压直流输电系统主要设备示意图

1-交流开关设备；2-交流滤波器；3-换流变压器；4-换流器；5-平波电抗器；6-直流开关设备；7-直流滤波器；8-输电线路及接地极

换流站的主要设备一般被分别布置在交流开关场区域、换流变压器区域、阀厅控制楼区域及直流开关场四个区域。其中，交流开关场区域的主要设备有无功补偿装置、交流滤波器、交流测量装置、避雷器、交流开关设备和交流母线等；换流变压器区域的设备主要有换流变压器及水喷淋灭火系统或其他灭火系统；阀厅控制楼区域的设备主要包含换流器、换流阀冷却设备、辅助电源、通信设备及控制保护设备；直流开关场区域内的设备主要为平波电抗器、直流滤波器、直流测量装置、避雷器、冲击电容器、耦合电容器、直流开关设备和直流母线等。

本节着重对换流器、换流变压器、直流滤波器、接地极线路和接地极进行介绍。

1. 换流器

由电力电子器件组成，具有将交流电转变为直流电或直流电转变为交流电的设备统称为换流器，或称为换流装置。其中，工作在将交流电转变为直流电状态时，换流器处于整流状态，此时的换流器也称为整流器；工作在将直流电转变为交流电状态时，换流器处于逆变状态，此时的换流器又称为逆变器。

在高压直流输电系统中，换流器通常采用三相桥式换流电路(6 脉动换流器)作为基本单元。当两个 6 脉动换流器采用直流端串联、交流端并联方式实现连接后，构成 12 脉动换流器。为了减少换流器正常运行时产生的谐波，同时降低交、直流滤波器的安装容量及投资费用，现代高压直流输电工程全部采用 12 脉动换流单元，只有早期的直流输电工程才采用 6 脉动换流单元。在高压直流输电系统中，换流器不仅具有整流和逆变的功能，还具有开关的功能，通过对换流器的快速控制，实现高压直流输电系统的启动和停运。

晶闸管换流阀是换流器的基本单元，是进行换流的关键设备，阀塔结构如图 1.2 所示。为了满足换流阀正常换流和可靠运行的要求，换流阀应具有如下基本性能：①只具有单向导通的性能，在一个工频周波中阀导通时间为 1/3 周波。②在换流阀不导通时，能够承受正向和反向的阻断电压。③换流阀的最大阻断电压由并联避雷器的电压保护水平决定，一般设计为 6 脉动换流器额定直流电压的 3 倍。④当换流阀承受正向电压，且有触发电流给门极时，换流阀应导通，只有当流过换流阀的电流降为零时才关断。⑤换流阀具有承受过电流的能力，通过健全阀的最大过电流发生在阀两端间的直接短路，过电流的幅值主要由系统短路容量和换流变压器短路阻抗决定。

图 1.2 换流器阀塔

2. 换流变压器

在高压直流输电系统中，换流变压器是最重要的设备之一，连接于交流母线与换流器之间，与换流器一起实现交流电与直流电的转换，承担着变换交流电压、抑制直流短路电流等作用，其实物如图 1.3 所示。换流变压器容量大、设备复杂、投资昂贵，因而其可靠性、可用率及投资对整个直流输电系统起着关键影响。

图 1.3 换流变压器

换流变压器的主要功能包括以下几个方面：①实现电压变换。将交流系统的高电压(一般为 500kV 或 220kV)降低至适合换流器需要的交流电压(多为 200kV 左右)。②参与实现交流与直流的相互变换。高压直流输电系统一般采用 12 脉动换流单元接线方式,其中每一个 6 脉动换流器分别通过 Yy 和 Yd 联结换流变压器并联接入交流系统；换流变压器为这两个 6 脉动换流器提供相位差为 30°的交流电压，从而形成 12 脉动换流器结构。③抑制直流故障电流。换流变压器的漏抗限制了阀臂短路和直流母线及线路短路时的故障电流，能有效保护换流阀。④削弱交流系统入侵直流系统的过电压。

换流变压器的特点主要体现在：①短路阻抗大。为了限制阀臂或直流母线、线路短路导致的故障电流，以免损坏换流器的晶闸管器件，换流变压器应有足够大的短路阻抗。换流变压器的短路阻抗百分数通常为 12%～18%。②损耗高。大量谐波流过换流变压器，使换流变压器的漏磁增加，杂散损耗加大，有时甚至可能使换流变压器的某些金属部件和油箱产生局部过热。③有载调压范围宽。为了满足交流母线电压变化的要求,换流变压器一般采用有载调压方式,范围为 20%～30%。④直流偏磁严重。运行中由于交直流线路的耦合、换流阀触发角的不平衡、接地极电位的升高等，换流变压器阀侧及网侧绕组的电流中会产生直流分量，造成直流偏磁现象，使得换流变压器损耗、温升及噪声都有所增加。

3. 直流滤波器

直流滤波器的基本作用是允许或阻止某种频率的电流通过，尽可能减少直流量中的交流成分，使输出直流的纹波减少，波形变得更加平滑，其实物如图 1.4 所示。目前，已运行的高压直流输电工程所采用的直流滤波器有两种形式：无源直流滤波器和有源(混合)直流滤波器。现有直流输电工程运行经验及可靠性表明，无源直流滤波器的应用技术更为成熟。

图 1.4　直流滤波器

工程中直流滤波器的配置应充分考虑系统各次谐波的幅值及其在等值干扰电流中所占的比重，即在计算等值干扰电流时应充分考虑各次谐波电流的耦合系数及加权系数。理论上，12 脉动换流器仅在直流侧产生 $12n$ 次(n=1,2,3,…)谐波电压，但实际上由于存在着各种不对称因素，如换流变压器对地杂散电容等，换流器在直流侧会产生非特征谐波，其中，由换流变压器杂散电容而产生的次数较低的一些非特征谐波幅值较大，滤除它们需要较大的滤波器容量。另外，通信线路受到谐波干扰的频域在 1000Hz 左右，因而，对 50Hz 的交流系统来说，20 次左右的谐波分量对通信的危害最严重；因此，在直流滤波器参数配置中需重点考虑该部分谐波的滤除。同时，考虑到同一换流站两极的对称性，两极应配置相同的直流滤波器。

一般而言，直流滤波器的配置应遵循以下原则：①宜装设两组直流滤波器。当一台直流滤波器故障退出运行时，仍能满足滤波要求。②可选择双调谐滤波器或三调谐滤波器，其调谐频率应针对谐波幅值较高的特征谐波并兼顾对等值干扰电流影响较大的高次谐波进行设计。③在中性母线上安装一台小电容值(十几微法至数毫法)的中性点冲击电容器，对经换流变压器绕组对地杂散电容及大地的 3 次谐波电流提供低阻抗的通道，从而抑制这些非特征谐波。④如果是直流电缆出线，不安装直流滤波器。

4. 接地极线路和接地极

接地极线路利用大地电阻率低的特点，将大地作为廉价和低损耗的回路，将直流电流导向大地，如图 1.5 所示。接地极线路最终通过接地极实现电流入地。相比传统输电线路，直流输电接地极线路采用双回并行架空线路，长度通常在几十公里至上百公里之间，接地极线路的导线截面较大，线路总电阻通常小于 5Ω。在直流输电系统双极对称运行方式下，流入接地极的电流为双极运行电流的差流，一般电流幅值不超过直流输送电流的 1%；而在单极大地回线运行方式下，流入接地极的电流等于直流输电线路上输送的电流，可达到几千安培。

图 1.5　接地极线路

接地极的主要作用是为双极不平衡电流提供通路及钳制中性点电压。为防止大量直流电流入地造成的电磁效应、热力效应及电化效应对换流站周边的人畜和电力设备造成显著的影响，接地极距离直流换流站往往有几十甚至上百公里，换流站与接地极之间的电气连接主要依靠接地极线路实现。针对不同的直流输电工程或同一工程的不同运行方式，接地极的作用有所差异，如表 1.1 所示。

表 1.1　接地极作用

直流输电系统类型	接线方式	接地极作用
单极系统	单极大地回线方式	钳制中性点电位 为直流电流提供返回通路
	单极金属回线方式	钳制中性点电位
	单极双导线并联大地回线方式	钳制中性点电位 为直流电流提供返回通路
双极系统	双极两端中性点接地方式	钳制中性点电位 为直流电流提供返回通路
	双极一端中性点接地方式	钳制中性点电位
	双极金属中线方式	钳制中性点电位

当强大的直流电流经接地极注入大地时，在接地极土壤中将形成一个恒定的直流电流场。此时，如果接地极附近有变压器中性点接地的变电站、地下金属管道或铠装电缆等金属设施，则一部分地中直流电流将沿着这些设施表面流动，从而可能给这些设施带来不良影响。

1.3 高压直流输电系统保护功能配置与分区

高压直流输电系统的运行中，应尽量避免系统的不正常运行、消除或减少故障发生的可能性。一旦系统或设备发生故障或不正常运行情况，应通过检测故障特征量，快速区分故障类型和故障的严重程度，然后与控制系统相配合，选择最合理的策略迅速加以处理。在交直流混联大电网格局下，快速、可靠的高压直流输电系统继电保护对于整个交直流混联电网安全、稳定运行具有重要意义。高压直流输电系统继电保护的任务是：①及时、准确地检测直流输电系统的所有故障类型，自动、快速、有选择性地将故障元件从直流输电系统中切除，使故障元件免于继续遭到破坏，保证其他无故障部分迅速恢复正常运行。②反应直流输电系统的所有不正常运行情况。检测到直流输电系统不正常运行后，继电保护一般不要求立即动作，而是根据其危害程度规定一定的延时，以避免短暂干扰造成的保护不必要动作[3]。

与交流继电保护类似，直流继电保护一般也应满足“四性”的基本要求：选择性、可靠性、速动性、灵敏性。选择性指直流输电系统中发生故障或不正常运行情况时，由故障设备本身进行保护动作，采取合适的保护动作策略清除或隔离故障，只有当该保护启动或者动作失败时，才允许相邻设备保护动作[4]。可靠性包括可依赖性和安全性两个方面，可依赖性指各直流保护对于应动作的故障和不正常运行情况，应可靠动作，不能拒动；安全性指各直流保护对于不应该动作的情况，应可靠不动作，不能误动。速动性指快速清除或隔离故障，保证一次设备的安全，防止故障发展成为事故。灵敏性指保护对故障和不正常运行情况的反应能力，直流保护装置的灵敏性一般用灵敏系数来衡量。高压直流输电系统继电保护的“四性”是矛盾统一、相互制约的整体。鉴于高压直流输电系统的结构和运行特点及其在电力系统中的特殊地位，“四性”协调应当遵循在保证一次设备安全的基础上，尽量缩小故障范围，减小对交、直流系统冲击。

基于“四性”的基本要求，高压直流输电系统继电保护的设计、配置与整定一般应遵循下述原则：①直流继电保护系统对于所有可能的故障和不正常运行情况，配置完善的保护功能，不允许存在不被保护的故障和不正常运行情况；②不同的保护区域互相重叠，不允许存在保护死区；③直流继电保护应能适应直流输电系统的不同运行方式；④直流继电保护系统应采用 2 套或 3 套硬件和独立电源、功能完全相同的冗余配置，综合分析各套保护的逻辑判断结果，决定是否出口；⑤保护出口回路、动作执行回路也应有 2 套冗余配置，当其中一个回路故障时，剩余健全回路能可靠动作；⑥每一种故障都应尽量配置一个快速动作的主保护和一个原理不同动作稍慢的后备保护；⑦直流输电系统的主保护应不依赖于两换流站之间的通信系统，后备保护除非特殊需要，也尽量不依赖于通信系统；⑧控制系统和保护系统在物理上和电气上分开，输入、输出相互独立；⑨控制系统与保护系统之间应正确地协调配合；⑩直流输电系统保护与交流系统保护之间应正确地协调配合，在交流故障恢复过程中，直流保护不能动作；⑪两极保护相互独立，每一极保护出口不允许动作于另一极的控制系统和断路器；⑫进行合适的保护配置与保护动作策略选择，避免一极故障引起双极停运事故。

高压直流输电系统保护采取分区配置，通常将直流侧保护、交流侧保护和直流线路保护三大类分为 5 个保护分区，如图 1.6 所示：①换流器保护区，包括换流器及其连线和控制保护等辅助设备；②交流开关场保护区，包括换流变压器及其阀侧连线、交流滤波器和并联电容器及其连线、换流母线；③直流开关场保护区，包括平波电抗器和直流滤波器及其相关的设备和连线；④接地极线路和接地极保护区；⑤直流线路保护区。下面对各保护区的功能配置进行介绍。

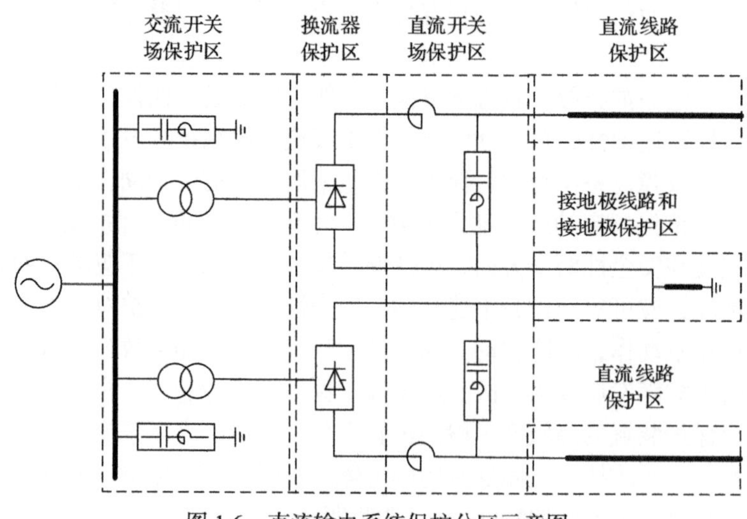

图 1.6　直流输电系统保护分区示意图

1. 换流器保护区

本区域配置的保护主要包括适应于阀厅交、直流穿墙套管之间换流器各设备故障的电流差动保护、过电流保护以及换流器触发保护、电压保护和本体保护等。①电流差动保护。通过对换流变压器阀侧套管中电流互感器、换流器直流高压端和中性端出口穿墙套管中电流互感器的测量值比较，各种电流的差值情况，区别不同的换流器故障以设置不同的保护，例如阀短路保护、换相失败保护等。②过电流保护。通过对换流变压器阀侧电流、换流器直流侧中性母线电流及换流阀冷却水温度等参数的测量，构成换流器的过电流保护，作为电流差动保护的后备保护。③触发保护。对于换流器的触发脉冲，通常设置监视系统。通过控制系统发出的脉冲与换流器晶闸管元件实际返回的触发脉冲相比较，对换流器的误触发或丢失脉冲进行辅助保护。在阀内还需为晶闸管设置强迫导通保护，以避免当阀导通时，某个晶闸管不开通而承受过大的电压应力。④电压保护。电压保护包括以交流侧或直流侧电压为监控对象的保护功能。具体分为电压应力保护和直流过电压保护。⑤本体保护。对于晶闸管工作状态的监视是换流器必不可少的环节，主要有晶闸管监测和大触发角监视。前者在一个阀内的晶闸管故障数目达到一定限值时给出报警；后者用于检查和限制主回路设备在大触发角运行时所受的压力。

2. 交流开关场保护区

本区域涉及的设备主要包括换流变压器、交流滤波器及并联电容器、换流母线等，配备的保护主要有换流变压器保护、交流开关场和交流滤波器保护等。①换流变压器保护。换流变压器同常规电力变压器一样，配置有各种主保护和后备保护，主要有换流变压器差动保护、过电流保护、热过负荷保护、过饱和保护等。②交流开关场和交流滤波器保护。换流站交流开关场配置常规的交流线路保护、交流母线保护、重合闸和断路器失灵保护等；交流滤波器保护是对构成交流滤波器的电容器、电抗器和电阻器等每一元件都予以保护，使其不因过电压或过电流造成损坏。③换流站交流母线故障，可采用母线差动保护。

3. 直流开关场保护区

本区域内主要有直流极母线差动保护、直流中性母线差动保护、直流极差保护、直流滤波器过负荷保护、直流滤波电容器不平衡保护、直流滤波器差动保护和平波电抗器保护等。①直流极母线差动保护。检测从极母线直流线路出口的直流电流互感器到阀厅穿墙套管上的直流电流互感器之间直流母线和设备的接地故障。②直流中性母线差动保护。检测从阀厅内中性端上的直流电流互感器到极中性母线出口直流电流互感器之间设备的接地故障。③直流极差保护。保护范围从直流极母线出口到中性母线出口的直流电流测量点之间，包括换流器、直流滤波器在内的整个直流开关场，检测保护范围内的接地故障。④直流滤波器过负荷保护。检测直流滤波电抗器谐波过负荷，使滤波器免受过应力，保护跳闸具有足够的延时，以避免短时过负荷保护误动。⑤直流滤波电容器不平衡保护。当电容元件发生短路故障时，此保护用以避免直流滤波器组中电容单元的雪崩故障。⑥直流滤波器差动保护。当直流滤波器范围内发生接地故障时，此保护用以切除滤波器。⑦平波电抗器保护。干式平波电抗器故障由直流系统极母差保护兼顾，油浸式平波电抗器除了直流系统保护外，还设置本体保护继电器，主要包括油泵和风扇电机保护、油位监测、气体监测、油温检测等。

4. 接地极线路和接地极保护区

本保护区域主要有双极中性母线差动保护、站内接地过电流保护、中性母线断路器保护、金属回线保护和接地极线路保护等。①双极中性母线差动保护：保护目的是检测接地极线路和极中性母线之间的接地故障。②站内接地过电流保护：保护目的是检测站内直流开关场保护区的接地故障和站内接地点的电流，如果流入换流站接地网的电流较大，则保护将动作以消除故障电流。③中性母线断路器保护：保护目的是在一极停运时，此断路器断开该极换流器与中性母线的连接，将直流电流转移到接地极线路；如果断路器不能正确地转移电流，则保护将使其重合闸。④金属回线保护：根据在金属返回线方式运行期间，换流站是否通过接地极接地，分为金属回线横差、纵差、接地故障保护。⑤接地极线路保护：分为接地极线路断线保护、过负荷保护、阻抗监测等，可分别用于检测中性母线设备过电压、接地极线路过负荷、接地极线路故障和检测两条接地极线路之间的电流不均匀分布等。

5. 直流线路保护区

本区域主要由直流线路行波保护、微分欠压保护、直流线路纵差保护、功率反向保护、直流谐波保护等构成。①直流线路行波保护。直流线路故障的主保护，其目的是检测直流线路上的接地故障。②微分欠压保护。该保护与行波保护的目的和动作策略均相同，保护只在整流站有效；它检测直流电压和电流，并有微分和欠电压两种不同的保护动作条件，相互结合可以提高保护动作的正确性。③直流线路纵差保护。保护目的是检测直流线路上行波和微分欠压保护不能检测到的高阻接地故障。④功率反向保护。保护目的是检测控制系统故障所造成的功率反向。⑤直流谐波保护：保护目的是检测交直流线路碰线、阀故障、交流系统故障和控制设备缺陷等。

1.4　本章小结

我国能源分布的不均衡性和经济发展的不平衡性，决定了我国的能源政策为“西电东送、南北互供、全国联网”。直流输电技术以其独有的特点，将在我国目前乃至将来电网中发挥独有的作用。本章着重介绍了换流器、换流变压器、直流滤波器、接地极线路等主要换流站设备的特点及功能，并分析了直流输电保护的功能与分区。

参考文献

[1] 赵畹君. 高压直流输电工程技术[M]. 北京: 中国电力出版社, 2004.

[2] 刘振亚. 特高压直流输电技术研究成果专辑(2008 年)[M]. 北京: 中国电力出版社, 2008.

[3] 中国南方电网超高压输电公司, 华南理工大学电力学院. 高压直流输电系统继电保护原理与技术[M]. 北京: 中国电力出版社, 2013.

[4] 陶瑜. 直流输电控制保护系统分析及应用[M]. 北京: 中国电力出版社, 2015.

2　换流器保护

换流器在高压直流输电工程中起着交变直、直变交的枢纽作用，是直流系统中最重要的元件之一。对换流器进行合理的保护配置，对于保障直流系统正常运行具有重要的意义；同时，研究换流器的故障定位方法，有利于故障后的快速、有效处理，同样具有工程价值。本章在分析换流器故障特征与典型保护配置的基础上，研究了部分主保护及后备保护的适应性，明确了现有换流器保护方案中存在的问题，给出了对应的保护优化方案。此外，本章基于换流器差动保护对区内外故障响应规律，提出了换流器接地故障快速定位方法。

2.1　换流器故障特征

2.1.1　换流器主要故障类型

换流器区的故障类型主要包括以下几种[1]。

(1)换流器主接线回路短路故障。指换流器交流侧和直流侧各个接线端间短路、换流器载流元件及接线端对地短路，具体包括阀短路故障(K1)、直流侧高压端对换流器中点短路(K2)、直流侧高压端对中性端短路(K3)、直流侧高压端对地短路故障(K4)、换流器中点对地短路故障(K5)、换流器中性端对地短路故障(K6)、换流器交流侧相间短路故障(K7)和换流器交流侧对地短路故障(K8)，如图 2.1 所示。

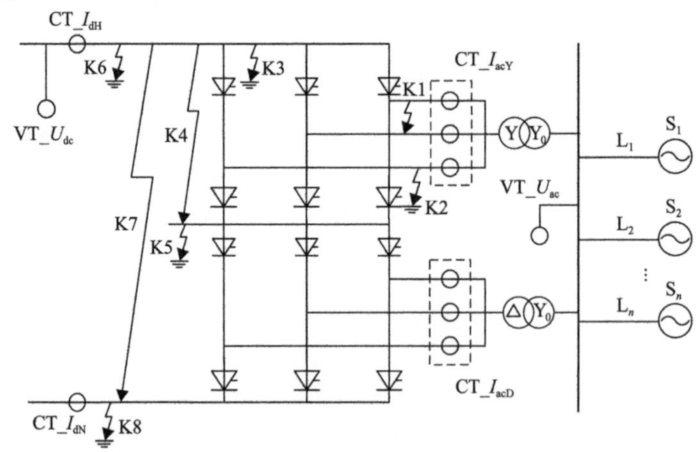

图 2.1　12 脉动换流器直流主接线回路故障点

(2) 逆变器换相失败故障。指逆变器换流阀在换相电压反相之前未能完成换相的故障，可分为一次、多次、连续和不连续换相失败等。

(3) 换流阀本体及其控制系统故障。包括换流阀的基本组成单元——阀片级故障、换流阀的误开通故障、不开通故障等。

(4) 区内、区外故障或非正常运行引起的换流器过电压、过电流故障。当换流器长时间流过大的电流，会造成阀过热损坏；而当换流器所承受的电压过高时，易造成换流阀的击穿故障。

2.1.2 换流器主接线回路短路故障分析

1. 阀短路故障

阀短路故障是由于换流阀绝缘击穿或阀两端有跨接导线而发生的短路故障，如图 2.1 的 K1 所示。换流阀短路后，该桥臂相当于一根短接线，失去了换流能力，而是具备双向导通特性[2]。

整流器阀短路故障期间，直流回路中直流电流为 0、直流电压下降。而逆变器阀短路故障与整流器阀短路故障的最大不同在于，逆变器阀短路故障会导致换相失败现象，且逆变器阀短路故障期间，因直流回路中阻抗减小，直流电流将增大、直流电压减小。

2. 直流侧出口短路故障

换流器直流侧出口短路故障是换流器直流端子之间发生的短路故障，包含高压端对换流器中点短路和高压端对中性端短路，分别如图 2.1 中的 K2、K3 所示。这种故障一般是由上述位置丧失绝缘性能所致。换流器直流侧出口短路与阀短路故障的最大不同在于：直流侧出口短路期间，换流阀仍能保持单相导通特性。

1) 高压端对换流器中点短路

整流侧高压端对换流器中点短路时，流过导通阀与换流变的电流激增，威胁设备安全；而直流侧输出电压较正常值要小很多，从而导致输电线路上的直流电流降低。当逆变侧高压端对换流器中点短路时，流过导通阀与换流变的电流将迅速下降为 0，对换流阀及换流变均不构成威胁；直流侧输出电压发生跌落，电容放电，造成直流电流增大。

2) 高压端对中性端短路时

整流侧高压端对中性端短路时，整流侧换流器电流和故障点阀侧的直流电流都将增大，故障点两侧的电流都流向故障点，直流电压降低。逆变侧换流器回路中直流电流迅速下降，因为逆变侧直流滤波器和线路构成放电回路，逆变侧线路出口电流和整流侧线路出口电流下降后，在零附近小幅度振荡。逆变侧高压端对中性端短路时，逆变侧电流将迅速下降到 0，对换流器及换流变不构成威胁。逆变侧直流电压跌落，整流侧回路电流上升。

3. 直流侧对地短路故障

换流器直流侧对地短路故障包括换流器高压端对地短路故障、换流器中点对地短路故障和换流器中性端对地短路故障三种情况，分别如图 2.1 中的 K4、K5、K6 所示。

1) 换流器高压端对地短路故障

整流器高压端对地短路的故障机理与整流器直流侧高压端对换流器中点短路相似，但短路的路径有所不同。高压端对地短路较之于高压端对换流器中点故障，故障电流回路中多了接地极引线，因此，流过整流器及其换流变压器的故障电流要略小，但仍然会对设备安全构成严重威胁。故障后，流过逆变器的电流很快下降到 0，不会对逆变器及其换流变压器构成威胁。逆变器高压端对地短路与逆变器高压端对换流器中点短路故障特征相似。

2) 换流器中点对地短路故障

整流器中点对地短路的故障机理、故障特征均与整流器低压端 6 脉动换流器出口短路故障类似，只是故障回路不同，从而造成故障电气量的幅值有所差异。同样，逆变器中点对地短路的故障机理及特征与逆变器低压端 6 脉动换流器出口短路故障相似。

3) 换流器中性端对地短路故障

高压直流输电系统正常运行时，换流器中性端电位接近为 0，因此，其发生接地短路后对直流系统的正常运行影响不大。但换流站内接地网与接地极形成的通道与接地极并联，且接地网等效电阻较接地极引线要小得多；因而，换流站内接地网将流过接近接地极线路额定值的电流，长时间运行有可能造成换流变压器的直流偏磁以及接地网的电化学腐蚀。

4. 交流侧短路故障

换流器交流侧短路故障包含换流器交流侧相间短路故障和交流侧对地短路故障，分别如图 2.1 的 K7、K8 所示。

1) 换流器交流侧相间短路故障

整流器交流侧发生相间短路故障时故障桥被周期性地短接，频率为工频的 2 倍，导致直流侧电压和电流也周期性地上升和下降，因而在直流系统中产生 100Hz 故障分量。逆变器交流侧相间短路故障期间，直流侧电压减小，流过换流阀的直流电流增加，这将在故障初期引发换相失败，换相失败又会造成换流桥的旁通对，使得逆变器直流侧电压进一步降低，直流电流进一步上升。若相间短路一直存在，故障桥的电流通路也将周期性改变，频率为 2 倍工频，因此，在直流系统中也将产生 100Hz 故障分量。

2) 换流器交流侧对地短路故障

整流器交流侧发生对地短路故障，交流侧将产生过电流，威胁设备安全，而整流器直流侧电流和电压将减小；单相接地故障导致交流系统不对称运行，产生基频负序电压，在换流器的作用下，在直流系统中产生 100Hz 分量。逆变侧换流器交流侧发生对地短路故障时，在故障初期，逆变器直流侧的输出电压将显著降低，直流电流迅速升高，高压桥共阳极阀组之间将出现换相失败；在故障后期，由于控制系统的作用，直流电流逐渐减小，换相失败现象消失。此外，逆变器交流侧单相接地故障也将导致直流系统中产生 100Hz 分量。

2.2 现有工程保护配置及适应性分析

2.2.1 换流器保护配置

1. 换流器区保护分类

换流器区保护根据采用的原理不同，可以分为差动保护组、谐波保护组、电压保护组、过电流保护组、触发保护组、换流器本体保护组以及其他一些保护类型。

(1) 差动保护组。基于换流变阀侧电流、换流器直流高压端及中性端电流构成，区别不同的故障而设置不同的保护，主要包括直流差动保护、阀短路保护、桥差保护及阀组差动保护等。

(2) 谐波保护组。通过检测直流线路中的谐波含量来实现对相应故障的检测与保护，主要有 50Hz 保护和 100Hz 保护两种类型，能够保护的故障类型包括换流器交流侧相间短路、换流器交流侧对地短路、换流器阀短路、多次换相失败等故障。

(3) 电压保护组。通过检测直流线路电压、换流变压器网侧电压等参数而构成的保护，包括直流过压保护、交流过压保护、换流阀过应力保护、直流低电压保护、交流低电压保护等，可防止区内、区外故障或不正常运行状态导致换流器承受过大的电压应力、热应力或造成直流系统的不正常运行。

(4) 过电流保护组。通过检测换流器阀侧电流、换流器高压侧直流电流及换流阀冷却水温度等参数，构成换流器的过电流保护，防止换流阀过热损坏，主要包括直流过电流保护和交流过电流保护。

(5) 换流器本体保护组。包括大触发角监视、晶闸管监测两种保护。大触发角监视保护用于防止触发角过大造成换流阀过应力损坏；晶闸管监测保护用来监测换流阀中阀片级的损坏数目，以保护健全阀片级的安全。

(6)其他保护类型还有交流阀侧绕组接地故障监视、换相失败预测以及远方站故障检测保护等。交流阀侧绕组接地故障监视是通过测量换流变阀侧交流连线上的电压量，检测阀闭锁时交流连线的接地故障；换相失败预测是通过检测交流电压的异常，增大换相裕度，以减少换相失败的次数。

2. 换流器区的典型保护配置

换流器区配置的典型保护情况如图 2.2 所示，其中主保护为阀短路保护和直流差动保护，后备保护有过电流保护、阀组差动保护、交流过电压保护、交流过电流保护、100Hz 保护。

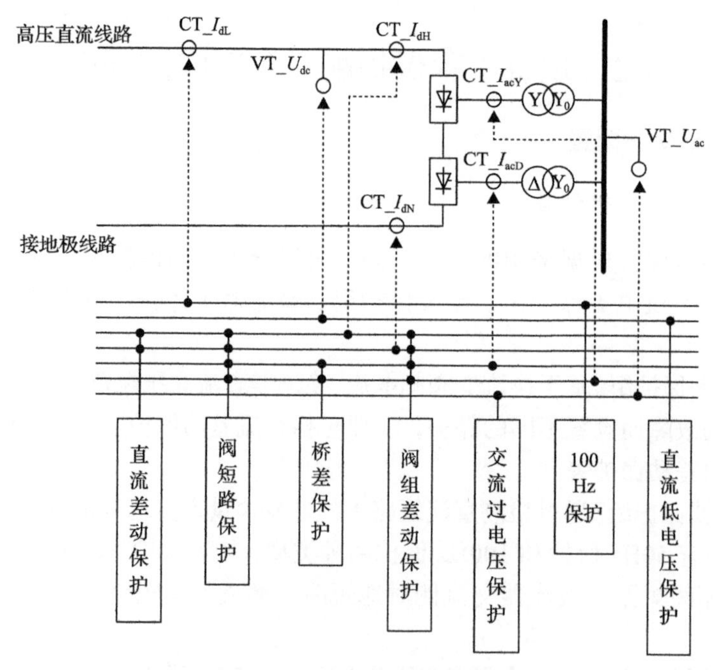

图 2.2　典型换流器区保护配置图

图 2.2 中各保护的保护判据与功能如表 2.1 所示，阀短路保护通过采集换流器高压端和低压端电流的最大值与换流器直流侧高压母线与中性线上电流的最大值之间的差值，检测阀短路故障、阀接地故障、换流变阀侧相间短路故障；直流差动保护利用换流器高压母线与中性线的不平衡电流信号检测换流器内的接地故障；桥差保护利用换流器高压端与低压端电流的差值检测 6 脉动桥内阀的换相失败或点火故障；阀组差动保护利用直流电流与换流器上电流差值的最大值检测所

有能够旁通或短接整个逆变器的换流器直流故障；100Hz 保护通过检测直流电流中的 100Hz 分量检测交流系统的单相或相间故障；直流过电压保护通过检测直流电压是否超过一定的阈值来检测由直流开路、逆变器闭锁或控制系统故障引起的直流过电压情况；交流过电压保护通过检测交流电压是否超过一定的阈值来检测通过投切滤波器不能清除的交流过电压情况[3]。

表 2.1 各典型判据的保护判据与功能

序号	保护名称	保护判据	保护功能
1	阀短路保护	$\max(I_{VY},I_{VD})-\max(I_{dH},I_{dN})>I_{set}$；$I_{VY}$ 为换流器高压端三相电流的最大绝对值，I_{VD} 为换流器低压端三相电流的最大绝对值；I_{dH}、I_{dN} 分别为换流器直流侧高压母线和中性线上的电流；I_{set} 为保护整定值	检测阀短路故障、阀接地故障、换流变阀侧相间短路故障
2	直流差动保护	$\lvert I_{dH}-I_{dN}\rvert>I_{set}$	检测换流器内的接地故障
3	桥差保护	$I_{ac}-I_{VY}\geqslant I_{set}$；$I_{ac}-I_{VD}\geqslant I_{set}$；$I_{ac}=\max(I_{VY},I_{VD})$	检测 6 脉动桥内阀的换相失败或点火故障
4	阀组差动保护	$\max(I_{dH},I_{dN})-\max(I_{VY},I_{VD})>I_{set}$	检测所有能够旁通或短接整个逆变器的换流器直流故障
5	100Hz 保护	$I_{dL\_100Hz}>I_{set}$	通过检测直流电流中的 100Hz 分量，检测交流系统的单相或相间故障
6	直流过电压保护	$\lvert U_{dc}\rvert\leqslant U_{set}$	检测由直流开路、逆变器闭锁或控制系统故障引起的直流过电压情况
7	交流过电压保护	$\lvert U_{ac}\rvert\leqslant U_{set}$	检测通过投切滤波器不能清除的交流过电压情况

2.2.2 换流器保护适应性分析

1. 主保护适应性分析

实际工程中，为换流器配置了多类主保护，其中较为典型的为直流差动保护与阀短路保护，这两类保护配合工作可响应换流器区内的所有短路故障。下面以送端换流器(整流器)的直流差动保护为对象分析其适应性。

直流差动保护可动作于换流器区所有接地故障，分别为图 2.3 中的换流器高压桥、低压桥交流侧单相接地故障 K1 与 K3、换流器直流侧高压端接地故障 K2、换流桥中点接地故障 K4 与中性线接地故障 K5。

换流器区外故障分为换流器区外交流侧故障 K6、K7 及换流器区外直流侧故障 K8～K11，但由于中性线接地极 N 的存在，区外直流侧发生的短路故障 K9 相当于换流桥中点接地，即 K9 与 K4 属于同一种故障。故下文将仅分析直流差动保护在区外交流侧故障 K6、K7 和区外直流侧故障 K8、K10、K11 下的适应性。

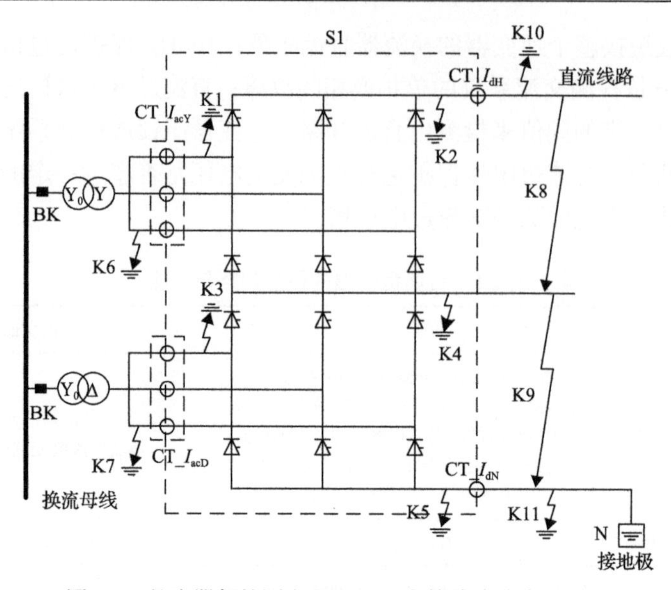

图 2.3　整流器保护测点配置及区内外故障分布示意图

1) 区外故障下直流差动保护的整定判据满足情况

(1) K6 故障下保护整定判据满足情况。

当在换流器高压桥区外的短引线或 Y-Y 型换流变压器二次侧发生接地故障 K6(以 A 相接地故障为例)时，若阀 V14 导通，则由于短路点的引入，将形成两个电流回路，如图 2.4 所示，图中换流器交流侧元件(含换流变压器、送端交流电源等)用三相电源 U_a、U_b、U_c 和阻抗 L_r 表示。从图 2.4 中可以看出，回路 1 由接地故障点、接地极 N、CT_I_{dN}、低压桥(含低压桥电源)及高压桥共阳极导通阀(V14)

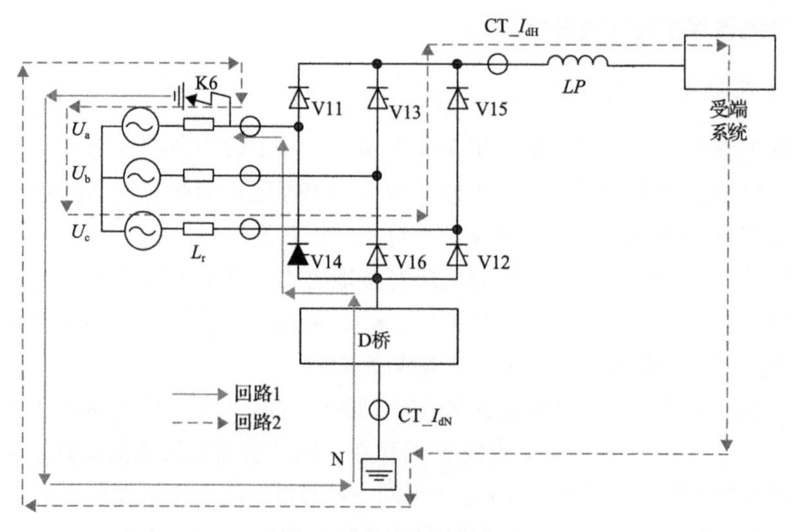

图 2.4　K6 故障电流回路

构成，当换流器高压桥有 2 个阀导通时，则相当于高压桥电源发生两相短路，当换流器高压桥有 3 个阀导通时，则相当于高压桥电源发生三相短路，故处于回路 1 的 CT_I_{dN} 所测得的电流 I_{dN} 将增大。而回路 2 电流将通过高压桥共阴极导通阀、CT_I_{dH}、平波电抗器 LP、直流线路、受端系统流回送端换流器，由于此回路相较原正常电流回路丢失了低压桥电源，所以直流侧输出电压减小，从而处于回路 2 的 CT_I_{dH} 所测的电流 I_{dH} 将减小。因此 I_{dH} 与 I_{dN} 将存在差值，直流差动保护将可能在 K6 故障下误动作。

在 PSCAD/EMTDC 平台的 CIGRE 标准高压直流输电测试模型上，设置 0.6s 发生 K6 故障对以上分析进行验证，仿真结果如图 2.5 所示，其中 $I_d=|I_{dH}-I_{dN}|$，I_{set} 为直流差动保护的整定值。由仿真结果可知，在故障发生后，I_{dN} 增大且 I_{dH} 减小，与上述理论分析结果一致，而且在此情况下 I_d 大于 I_{set}，故直流差动保护将动作于 K6 故障。

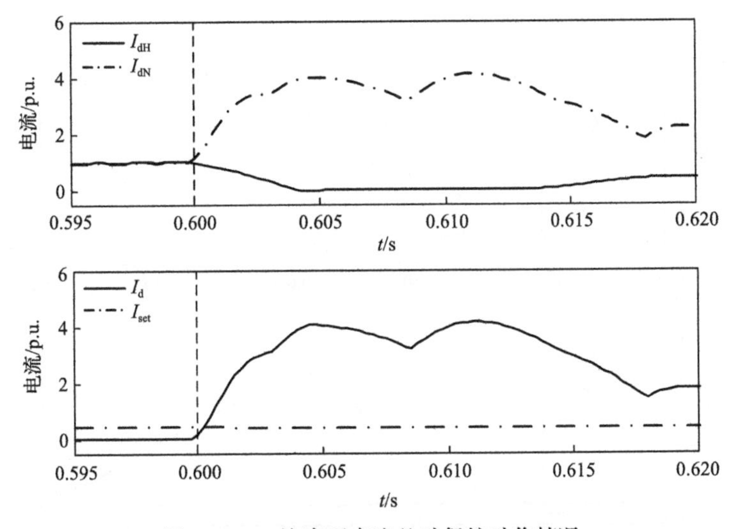

图 2.5 K6 故障下直流差动保护动作情况

(2) K7 故障下保护整定判据满足情况。

当在换流器区外交流侧与换流器低压桥连接的短引线或 Y-△型换流变压器二次侧发生接地故障 K7（以 K7 的 A 相接地故障为例）时，若阀 V24 导通，则由于短路点的引入，将形成两个电流回路，如图 2.6 所示。与 K6 故障的分析类似，回路 1 为电源短路回路，回路 2 为失压回路，处于回路 1 中的 CT_I_{dN} 测量的电流 I_{dN} 将增大，处于回路 2 中的 CT_I_{dH} 测量的电流 I_{dH} 将减小。

0.6s 发生 K7 故障的仿真结果如图 2.7 所示，可以看出 I_{dH} 与 I_{dN} 的变化趋势与理论分析一致，且在 K7 故障发生后，直流差动保护判据满足，即直流差动保护将在 K7 故障下误动作。

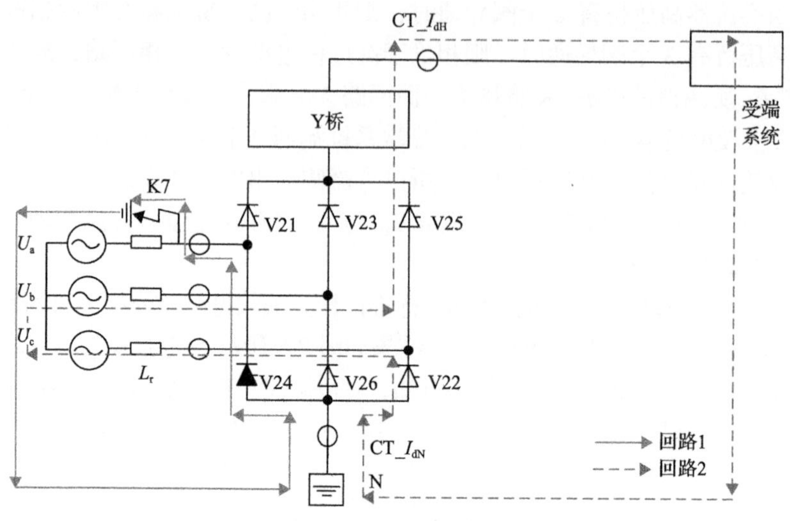

图 2.6　K7 故障电流回路

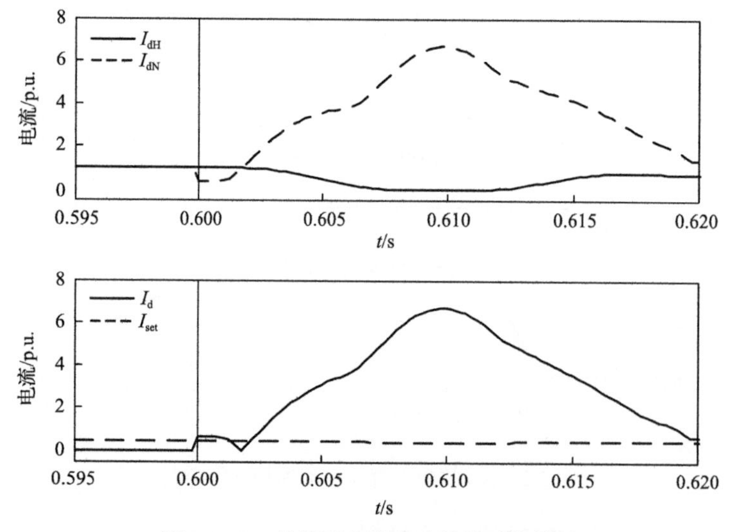

图 2.7　K7 故障下直流差动保护动作情况

(3) K8 故障下保护整定判据满足情况。

当区外直流侧高压端与换流桥中点短路后(发生 K8 故障)，在换流器区形成的两个电流回路如图 2.8 所示。与上述分析一致，处于短路回路 1 中的 CT_I_{dH} 测得的电流 I_{dH} 将增大，处于失压回路 2 中的 CT_I_{dN} 测得的 I_{dN} 将减小。因此，在发生 K8 故障后，I_{dH} 与 I_{dN} 将存在差值，直流差动保护可能误动作。

0.6s 发生 K8 故障的仿真结果如图 2.9 所示，可见电流 I_{dH} 与 I_{dN} 的仿真结果与理论分析一致，而且在 K8 故障发生后 I_d 大于 I_{set}，故保护将动作于 K8 故障。

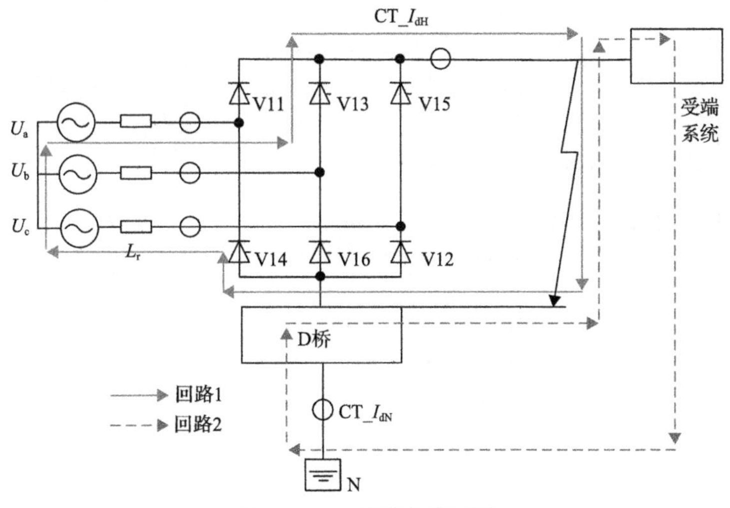

图 2.8 K8 故障电流回路

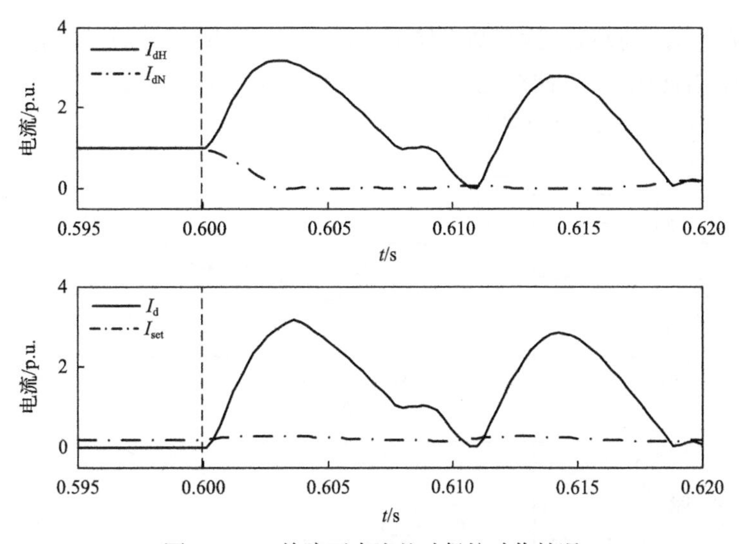

图 2.9 K8 故障下直流差动保护动作情况

(4) K10 故障下保护整定判据满足情况。

当换流器区外直流侧高压端发生接地故障 K10 后，电流回路如图 2.10 所示，回路 1 电流通过高压桥电源、高压桥共阴极导通阀、CT_I_{dH}、故障点、接地极、CT_I_{dN} 和低压桥流回高压桥，形成电源短路回路。由于直流滤波器在正常运行时储存了较大的能量，当换流器区外直流侧高压端接地时，直流滤波器将向接地点放电，放电电流将通过接地极、CT_I_{dN}、低压桥、高压桥流向 CT_I_{dH}，形成回路 2。在此情况下 CT_I_{dH} 与 CT_I_{dN} 所处电流回路一致，即 I_{dH} 与 I_{dN} 将同步增大，I_{dH} 与 I_{dN} 不存在差值，故直流差动保护不会动作于 K10 故障。

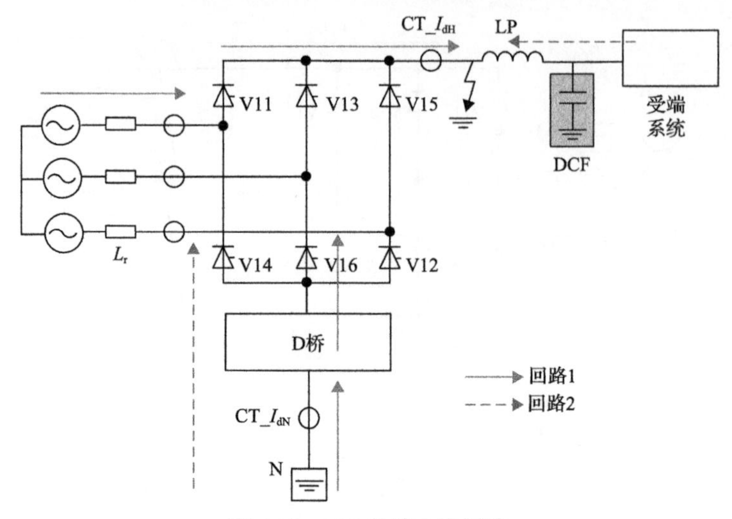

图 2.10　K10 故障电流回路

0.6s 发生 K10 故障的仿真结果如图 2.11 所示，可见 I_{dH} 与 I_{dN} 均增大且大小相等，由图中 I_d 曲线与 I_{set} 曲线之间的关系可以看出，直流差动保护不会在 K10 故障下动作，与上述理论分析结果一致。

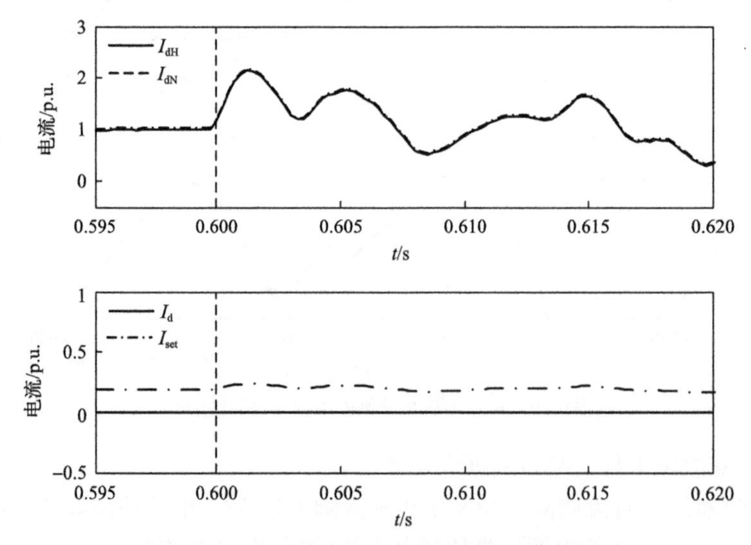

图 2.11　K10 故障下直流差动保护动作情况

(5) K11 故障下保护整定判据满足情况。

类似地，当在换流器区外直流侧中性线上发生接地故障 K11 后，CT_I_{dH} 与 CT_I_{dN} 所处电流回路亦将一致，即 I_{dH} 与 I_{dN} 将不存在差值，故直流差动保护不会动作于 K11 故障，具体分析过程不再赘述。

由以上分析可知，若仅考虑直流差动保护的整定判据，当换流器区外发生 K6、K7 或 K8 故障时，直流差动保护将误动作。

2) 直流差动保护适应性分析

已有研究指出，直流差动保护将动作于 K6 与 K7 故障，并将该类动作定义为直流差动保护的误动作。但是，根据实际工程保护配置可知，直流差动保护的动作策略是先闭锁换流器后跳开交流侧断路器，而换流变压器保护(可负责动作 K6、K7 故障)和直流母线保护(可负责动作 K8 故障)的动作策略也是先将换流器闭锁，而后跳开交流侧断路器。因此，尽管直流差动保护可能动作于区外的 K6～K8 三种故障，但其动作后果和本应负责动作 K6～K8 的保护一致，均是停运整个直流输电系统。换言之，从动作策略的层面考虑，直流差动保护对区外故障的响应特性可以使其与换流变压器保护与直流母线保护互为后备，增加了保护对 K6～K8 三种故障响应的可靠性。因此，无须增加辅助判据避免直流差动保护在 K6～K8 三种故障下的动作响应。

然而若考虑保护动作后的故障处理，直流差动保护对 K6～K8 三种故障的响应将增加保护动作后对故障的排查难度。故从这一层面考虑，直流差动保护的优化问题可认为是直流差动保护动作后的故障定位问题，即有必要考虑 K6～K8 三种区外故障，设计基于直流差动保护的换流器故障定位方案，以期为保护动作后的故障处理提供指导。

2. 换流器后备保护适应性分析

换流器后备保护主要有 100Hz 保护、低交流电压保护、低直流电压保护、桥差保护及阀组差动保护，这 5 类后备保护也作为整个换流站的后备保护，可保护换流站内所有元件。若要探讨换流器后备保护在区外故障下的适应性，则需分析上述 5 类后备保护在换流站区外交流系统故障下的响应情况。

图 2.12 为直流输电系统受端结构及逆变器后备保护测点配置示意图，其中 L_1～L_n 分别为逆变站区外 n 条交流线路；S_1～S_n 分别为 L_1～L_n 远端的等效电源；电压互感器 VT_U_{ac} 测量换流母线三相交流电压，电压互感器 VT_U_{dc} 测量换流器直流侧高压端直流电压 U_{dc}，送端换流站(整流站)测点配置与逆变站相同。

故障导致保护整定判据满足是保护动作的基本条件，现有研究通过比较以上量测电气量特征与上述换流器后备保护整定判据之间的关系，指出换流站区外故障与区内部分故障的电气特征类似，而逆变器后备保护中的 100Hz 保护、交流低电压保护、直流低电压保护、桥差保护与阀组差动保护，以及整流器后备保护中的 100Hz 保护、交流低电压保护与直流低电压保护的动作判据恰好根据这些特征进行设计。例如，100Hz 保护根据 I_{dH} 的 100Hz 分量进行整定，而换流站区内或区外的不对称故障均将导致 I_{dH} 中出现较大的 100Hz 分量，即 100Hz 保护判据不具备对换流站区内外故障的辨识能力，保护可能在区外故障下误动作。

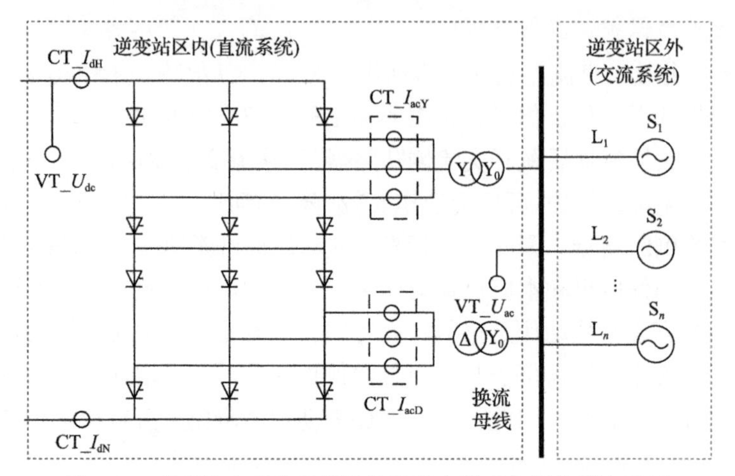

图 2.12　直流输电系统受端结构及逆变器后备保护测点配置

在 CIGRE 标准高压直流输电测试模型的逆变站区外搭建三条交流线路，长度分别设为 200km、110km 和 80km，0.75s 分别在逆变站区内的换流变压器二次侧和区外交流线路 L_1 上设置 A 相接地故障，得到两次仿真中逆变器 100Hz 保护的检测结果如图 2.13 所示。图中 I_{h1} 为换流变压器二次侧发生故障时 I_{dH} 的 100Hz 分量，I_{h2} 为交流线路 L_1 发生故障时 I_{dH} 的 100Hz 分量，I_{set_100Hz} 为逆变器 100Hz 保护的整定阈值。可以看出，在逆变站区内和区外发生故障时，100Hz 保护的整定判据均满足。

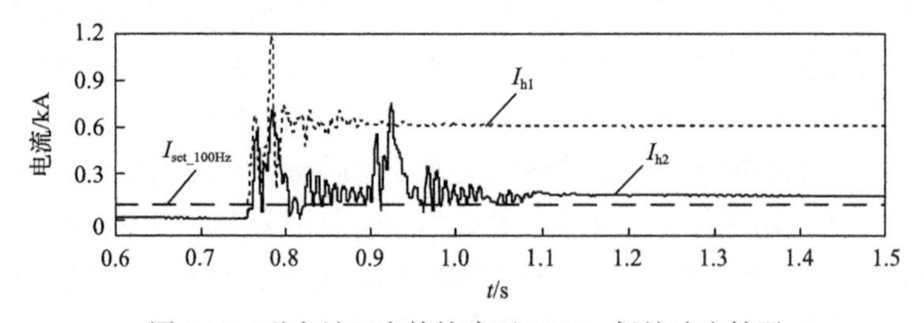

图 2.13　逆变站区内外故障下 100Hz 保护响应情况

逆变器的交流低电压保护、直流低电压保护、桥差保护、阀组差动保护，以及整流器的 100Hz 保护、交流低电压保护、直流低电压保护与逆变器的 100Hz 保护类似，均不具备对逆变站或整流站区内外故障的辨识能力，其中逆变器后备保护、整流器后备保护的整定判据与区内外故障特征的关系总结分别如表 2.2 与表 2.3 所示。

表 2.2 逆变器后备保护判据与区内外故障特征的关系

故障电气特征	逆变站区外故障	逆变站区内故障	可能误动的逆变器后备保护与相应整定判据
直流侧电流的 100Hz 分量偏大	交流线路不对称短路	换流器交流侧不对称故障	100Hz 保护（$I_{dH}(100Hz)>\Delta_1$）
低交流电压	交流线路短路	直流系统接地故障	交流低电压保护（$U_{ac}<\Delta_2$）
低直流电压	交流线路短路	直流系统接地故障	直流低电压保护（$U_{dc}<\Delta_3$）
高、低压桥电流不平衡	交流线路短路	换流器高压端对中点短路	桥差保护（$I_{ac}-I_{acY}>\Delta_4$ 或 $I_{ac}-I_{acD}>\Delta_5$）
换流器交流侧电流减小、直流侧电流增大	交流线路短路	换流器高压桥与低压桥短路	阀组差动保护（$\max(I_{dH},\ I_{dN})-\max(I_{acY},\ I_{acD})>\Delta_6$）

注：U_{ac} 为换流母线各相电压有效值的最小值，后同；I_{acY} 为换流器高压桥各相交流电流绝对值的最大值，后同；I_{acD} 为换流器低压桥各相交流电流绝对值的最大值，后同；I_{ac} 为 I_{acY} 与 I_{acD} 的最大值，后同；Δ_1～Δ_6 为表中相应逆变器后备保护的整定阈值。

表 2.3 整流器后备保护判据与区内外故障特征的关系

故障电气特征	整流站区外故障	整流站区内故障	可能误动的整流器后备保护与相应整定判据
直流侧电流的 100Hz 分量偏大	交流线路不对称短路	换流器交流侧不对称故障	100Hz 保护（$I_{dH}(100Hz)>\Delta_1$）
低交流电压	交流线路短路	直流系统接地故障	交流低电压保护（$U_{ac}<\Delta_2$）
低直流电压	交流线路短路	直流系统接地故障	直流低电压保护（$U_{dc}<\Delta_3$）

注：Δ_1～Δ_3 分别为整流器后备保护中 100Hz 保护、低交流电压保护与低直流电压保护的整定阈值。

故障累加时长达到整定时间是保护动作的另一条件，因而要判断上述后备保护是否会在区外故障下误动，还需要研究保护整定时间与区外故障持续时间的关系。在现有工程中，交流低电压保护、直流低电压保护、桥差保护及阀组差动保护的整定时间均小于 2s；100Hz 保护的整定时间在天生桥—广州直流输电工程的“6·23 事故”发生前为 700～1000ms，事故发生后，多个直流输电工程陆续将 100Hz 保护的整定时间延长到了 3s。然而，整流站和逆变站区外交流线路故障的最长切除时间 t_{max} 可达到 2.3s；如图 2.14 所示，t_{max} 即为交流线路后备保护整定时间上限（2s）、断路器失灵保护整定时间（0.2s）及断路器跳闸所需时

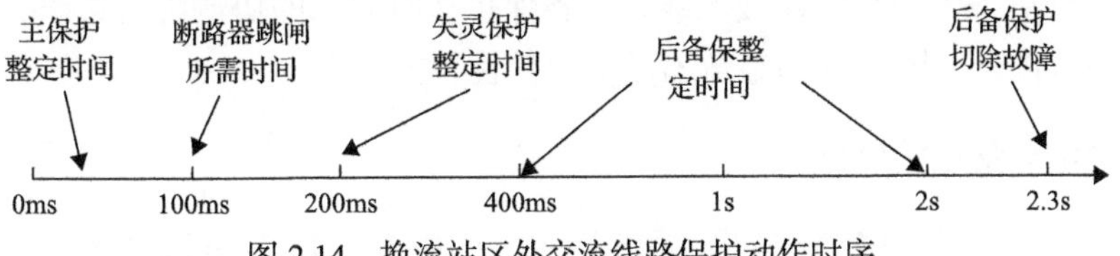

图 2.14 换流站区外交流线路保护动作时序

间(0.1s)之和。因此，在区外交流线路发生故障时，若交流线路的主保护拒动，后备保护的最长切除故障时间将长于 100Hz 保护(未提高整定时间之前)、交流低电压保护、直流低电压保护、桥差保护与阀组差动保护的整定时间。

综上可知，5 类逆变器后备保护和 3 类整流器后备保护无法辨识出区内外故障，且保护整定时间小于区外交流线路后备保护的最长切除故障时间，故上述保护可能在区外交流线路故障下误动作。

现有研究或实际工程主要通过提高换流器后备保护的整定时间或增加后备保护的整定值以防止其在区外交流线路故障下误动作。

提高整定时间是指将可能误动作的换流器后备保护的整定时间延长到交流线路后备保护的最长切除故障时间之后，即提高到大于 2.3s。已有研究指出，在考虑系统承受能力的条件下，将上述分析的后备保护的整定时间提高至 3s 不会影响到系统的安全稳定，目前已有多个直流输电工程将 100Hz 保护的整定时间延长至 3s。然而，提高保护整定时间将降低保护在区内故障下动作速度，延长区内故障对换流站设备的冲击时间，增大设备(尤其是老化设备)在区内故障下的损坏风险。由于换流器后备保护量测电气量在站外故障下较正常运行情况下的变化一般比站内故障时小，因此有研究提出可通过提高上述换流器后备保护的整定阈值，以防止其在区外故障下误动作，但这将影响保护的灵敏性，增加保护在区内故障下的拒动作风险。

综上所述，以上 5 类逆变器后备保护及 3 类整流器后备保护在区外交流线路故障下的适应性不足，而现有的优化方案牺牲了保护的速动性或灵敏性。

2.3 整流器后备保护优化

由 2.2.2 节分析可知，100Hz 保护、交流低电压保护与直流低电压保护 3 种整流器后备保护不具备对整流站区内外故障的辨识能力，且保护整定时间小于交流线路后备保护的最长切除故障时间，故上述整流器后备保护将可能在整流站区外交流线路故障下误动作。

本节基于整流器后备保护在区外故障下的误动作原因，提出整流站区内外故障的识别方法，使整流器后备保护具有区内外故障辨识能力。在此基础上，本节设计整流器后备保护与区外交流线路后备保护在时间上的协调配合策略，形成基于整流站区内外故障识别的整流器后备保护优化方案[4]。

2.3.1 故障分量极性分析

整流站区内外故障分布如图 2.15 所示。图中 L_1～L_n 为整流站区外 n 条送电交流线路；S_1～S_n分别为L_1～L_n远端的等效送电交流电源，其中整流站区内故障点f_1和f_2分别为换流变压器一次侧故障以及整流器直流侧故障，故障点f_3–L_h表示直流输电系统$n(n\geqslant 1)$条送电交流线路中的任意一条线路L_h故障。

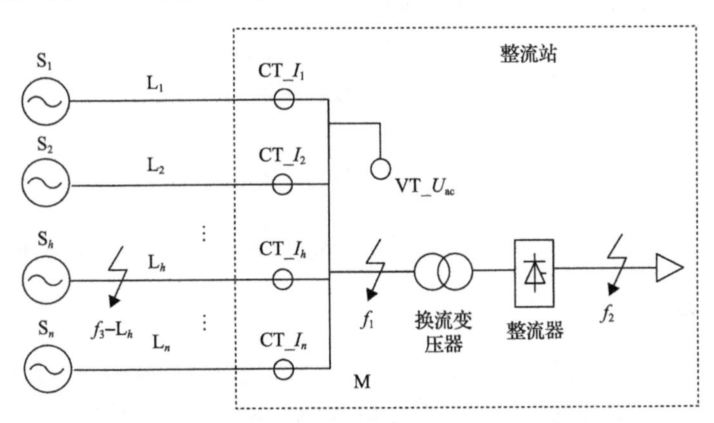

图 2.15 高压直流输电系统整流站区内外故障分布

1. 区内故障下故障分量极性分析

以在点f_1发生的故障为例分析整流站区内故障特征，其故障分量等效电路如图2.16所示。图中Δu为根据图2.15中VT_U_{ac}测量的换流母线(M)电压的故障分量；u_{f1}为故障点f_1处故障前一周期时的电压；Δi_1～Δi_n分别为根据CT_I_1～CT_I_n测量的送电交流线路L_1～L_n末端电流的故障分量；Z_{S1}～Z_{Sn}分别为送电交流电源S_1～S_n的等效阻抗，Z_{L1}～Z_{Ln}分别为送电交流线路L_1～L_n的等效阻抗；Z_1为直流系统等效阻抗；Z_C为交流滤波器、无功补偿电容和换流母线对地杂散电容的等效阻抗。CT_I_1～CT_I_n测量电流的正方向为由送电交流线路指向母线的方向。

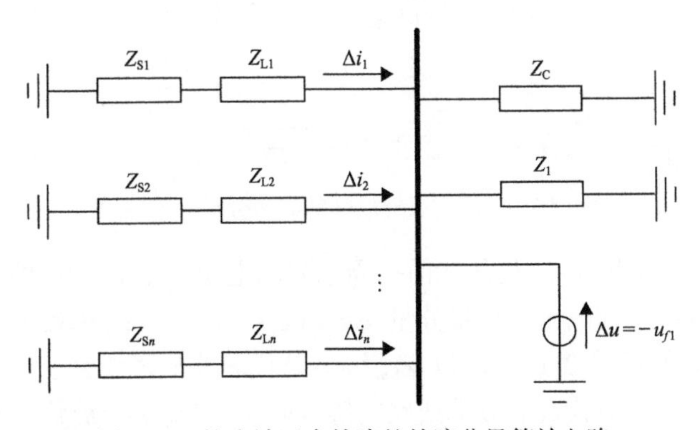

图 2.16 整流站区内故障的故障分量等效电路

图 2.16 中故障点 f_1 处故障前一周期时的电压 u_{f1}、换流母线电压的故障分量 Δu 及线路 L_1～L_n 末端电流的故障分量 Δi_1～Δi_n 的关系如式(2-1)所示。

$$\begin{cases}\Delta u = -u_{f1} \\ \Delta u = -\Delta i_1 \times (Z_{S1} + Z_{L1}) \\ \Delta u = -\Delta i_2 \times (Z_{S2} + Z_{L2}) \\ \quad\quad\vdots \\ \Delta u = -\Delta i_n \times (Z_{Sn} + Z_{Ln})\end{cases} \tag{2-1}$$

由式(2-1)可知，在整流站区内故障下，Δu 与 Δi_1、Δi_2、…、Δi_n 的极性均相反。

2. 区外故障下故障分量极性分析

以在区外任意一送电交流线路 L_h 的点 f_3–L_h 处发生故障为例，分析整流站区外故障特征，故障分量等效电路如图 2.17 所示。其中 Δu_{fLh} 为故障点 f_3–L_h 处电压的故障分量；u_{fLh} 为故障点 f_3–L_h 处故障前一周期时的电压；Z_{Lh1} 为线路 L_h 上从故障点指向电源分段的等效阻抗，Z_{Lh2} 为线路 L_h 上从故障点指向换流母线分段的等效阻抗。

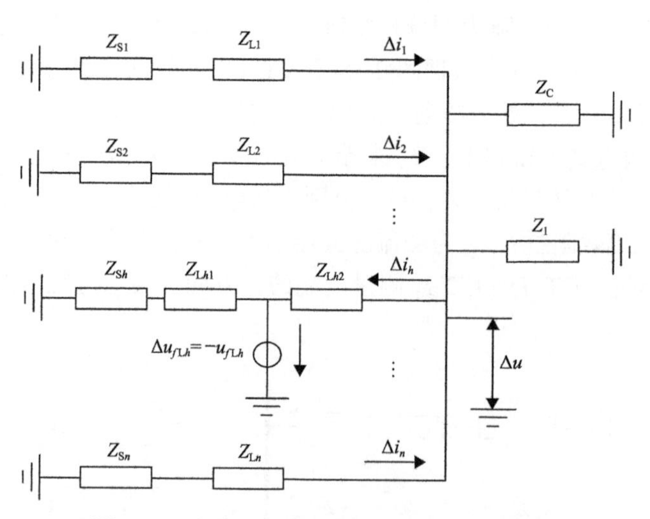

图 2.17　整流站区外故障的故障分量等效电路

图 2.17 中故障点 f_3–L_h 处故障前一周期时的电压 u_{fLh}、故障点处电压的故障分量 Δu_{fLh}、换流母线处电压的故障分量 Δu 以及线路 L_1～L_n 末端电流的故障分量 Δi_1～Δi_n 的关系如式(2-2)所示。以 $Z_{Sm}(m \neq h)$ 代表非故障线路上送电交流电源的等效阻抗、$Z_{Lm}(m \neq h)$ 代表非故障线路的等效阻抗、$\Delta i_m(m \neq h)$ 代表非故障线路末端电流的故障分量。

$$\begin{cases}\Delta u_{f\mathrm{L}h}=-u_{f\mathrm{L}h}\\ \Delta u_{f\mathrm{L}h}\cdot\Delta u>0\\ \Delta u=-\Delta i_m\cdot(Z_{\mathrm{S}m}+Z_{\mathrm{L}m})\\ \Delta u=\Delta i_h\cdot Z_{\mathrm{L}h2}\end{cases} \tag{2-2}$$

由式(2-2)可知，在整流站区外故障下，Δu 与故障线路 L_h 上的 Δi_h 极性相同，Δu 与 Δi_m 的极性均相反，其中 $m=1,2,\cdots,n$，$m\neq h$。

2.3.2 保护优化方案

1. 区内外故障识别判据

夹角余弦是解析几何中两个向量夹角余弦概念在多元空间的推广，可用以表示两个信号序列的方向(极性)关系，当两信号序列的极性近似相同时，两信号序列的夹角接近 0°，即两信号序列的夹角余弦值近似等于 1；当两信号序列的极性近似相反时，两信号序列的夹角接近 180°，即两信号的夹角余弦值接近–1。因此，可利用换流母线电压故障分量序列与交流线路电流故障分量序列的夹角余弦表征电压故障分量与各线路电流故分量的极性关系。定义离散的换流母线电压故障分量采样序列 $\Delta\boldsymbol{u}=\{\Delta u(1),\Delta u(2),\cdots,\Delta u(N)\}$；定义离散的送电交流线路 L_q 电流故障分量采样序列 $\Delta\boldsymbol{i}_q=\{\Delta i_q(1),\Delta i_q(2),\cdots,\Delta i_q(N)\}$，则 $\Delta\boldsymbol{u}_q$ 与 $\Delta\boldsymbol{i}_q$ 的夹角余弦值为

$$\cos\theta_q=\frac{\sum_{k=1}^{N}[\Delta u_q(k)\times\Delta i_q(k)]}{\sqrt{\sum_{k=1}^{N}\Delta u_q(k)^2}\sqrt{\sum_{k=1}^{N}\Delta i_q(k)^2}} \tag{2-3}$$

式中，k=1 表示检测到故障后的第一个采样点；N 为一个时间窗内的采样点数。

由上节分析可知，当整流站区内发生故障时，所有送电交流线路($\mathrm{L}_1\sim\mathrm{L}_n$)的电流故障分量与换流母线电压故障分量极性均相反，即换流母线电压故障分量与所有送电交流线路的电流故障分量的夹角余弦值均近似等于–1，不存在换流母线电压故障分量与送电交流线路的电流故障分量的夹角余弦值近似等于 1；而当整流站区外交流线路 L_h 发生故障时，存在送电交流线路(故障线路 L_h)的电流故障分量与换流母线电压故障分量的极性相同，即存在换流母线电压故障分量与故障线路 L_h 电流故障分量的夹角余弦值近似等于 1。因此，可设计基于最大电压故障分量与电流故障分量夹角余弦值的整流站区内外故障识别判据：

$$k_{\max}=\max(\cos\theta_1,\cos\theta_2,\cdots,\cos\theta_n)>-1\times k_{\mathrm{rel\_cos}\theta},\quad n\geqslant 1 \tag{2-4}$$

式中，$\cos\theta_1 \sim \cos\theta_n$ 分别为换流母线电压故障分量与送电交流线路 $L_1 \sim L_n$ 电流故障分量的夹角余弦值；$k_{rel\_\cos\theta}$ 为整流站区内外故障识别的可靠系数，取为–0.3。若上式成立，则判断故障发生在整流站区外；否则，判断故障发生在整流站区内。

2. 协调配合策略

基于对故障区域(整流站区内和区外故障)的识别，可设计整流器后备保护与区外的送电交流线路后备保护的协调配合策略，基本思路如下。

(1)在判断出发生的故障为整流站区内故障时，若此时有 100Hz 保护、交流低电压保护或直流低电压保护的整定阈值被满足，则相应的保护按其原有配置动作。

(2)在判断出故障为整流站区外故障时，则闭锁可能误动作的 3 类整流器后备保护 2.6s，即此情况下可由整流站区外的交流系统保护切除故障，2.6s 后，解锁 3 类被闭锁的整流器后备保护。换言之，在整流站区外发生故障时，将 3 类整流器后备保护的整定时间延长至整流站区外的送电交流线路后备保护的最长切除故障时间(2.3s)之后。

据此，设计从故障区域识别到保护协调配合的整流器后备保护的优化流程如图 2.18 所示。

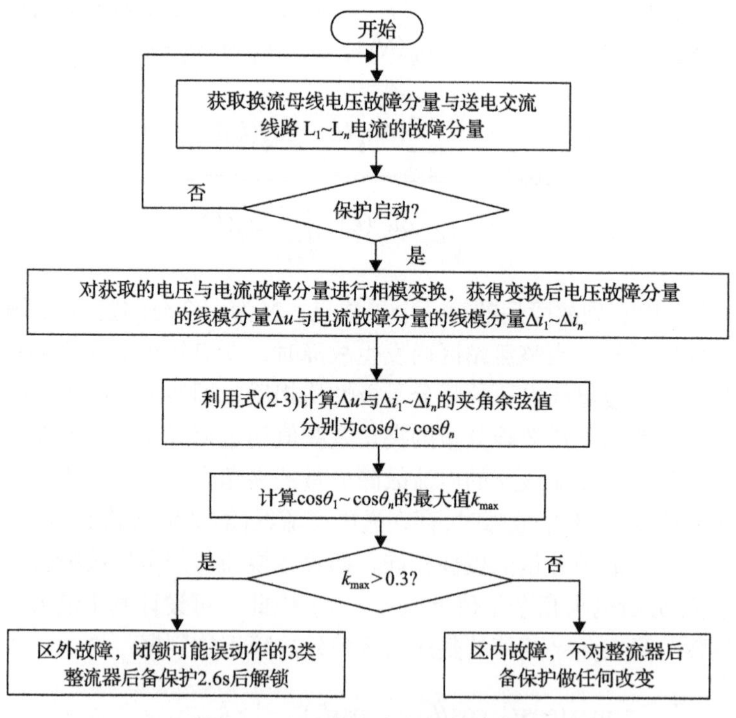

图 2.18　整流器后备保护优化流程

图2.18所示流程中的保护启动步骤通过电力系统保护领域较为常用的电压故障分量启动元件来实现，其对故障检测的原理为

$$\max(|\Delta u_{\mathrm{A}}|,|\Delta u_{\mathrm{B}}|,|\Delta u_{\mathrm{C}}|) > \Delta u_{\mathrm{set}} \tag{2-5}$$

式中，|*|表示对*求绝对值；Δu_{A}、Δu_{B}与Δu_{C}分别为换流母线的A相、B相与C相电压的故障分量；Δu_{set}为故障启动阈值，一般取0.01～0.1倍保护启动所用电压测点处电压的额定值。当换流母线三相电压故障分量的最大值大于Δu_{set}时，则认为整流器后备保护优化方案在此时开始检测到故障，定义当前时刻为故障启动时刻。

在故障启动时刻后，取一定数据窗长的换流母线三相电压故障分量与各送电交流线路三相电流故障分量数据，并对其进行Clark相模变换，以实现三相电压与三相电流的解耦。相模变换后，取换流母线电压故障分量的线模量Δu与交流线路L_1～L_n电流故障分量的线模量Δi_1～Δi_n计算$\cos\theta_1$～$\cos\theta_n$与$k_{\max}$，并通过式(2-4)判断故障启动元件检测到的故障发生在整流站区内或整流站区外，最后基于整流站区内外故障的判别结果，实现整流器后备保护与区外交流线路后备保护的协调配合。

2.3.3 仿真验证

本节所提优化方案包括整流站区内外故障识别和整流器后备保护与交流线路后备保护在时间上的协调配合两部分。协调配合策略设计的关键点是确定整流器后备保护在区外故障下的闭锁时间。闭锁时间(2.6s)仅与交流线路后备保护的最长切除故障时间(2.3s)有关，故障初始角、过渡电阻等均不影响协调配合策略的设计。因此，仅需分析整流站区内外故障识别方法在不同故障条件下的适应性，以验证所提保护优化方案的可行性。

1. 仿真模型参数

在PSCAD/EMTDC仿真平台上分别搭建：直流输电系统送端连接有1条送电交流线路的交直流系统仿真模型1；送端连接有三条送电交流线路的交直流系统仿真模型2。模型1中的送电交流线路L长为30km，模型2中送电交流线路L_1～L_3长度分别为20km、40km和40km。各交流线路均采用频率相关模型，杆塔结构选用3H5型。采样频率为20kHz，数据窗长为1ms，即式(2-3)中取N=20，保护启动阈值Δu_{set}为0.3kV。方案对整流站区内外故障判断的整定时间取为2ms。在故障启动元件检测到故障后，数据窗将在2ms时间窗内逐渐向后滑动，若在2ms时间窗内计算出的$k_{\max}$均大于0.3，则判断发生的故障为整流站区外故障。

2. 典型故障仿真

1) 整流站区内故障

在模型 2 上整流站区内点 f_1 处设置 A 相接地故障，过渡电阻设置为 60Ω，故障初始角设置为 45°。保护启动后换流母线电压与各送电交流线路末端电流故障分量(取线模量)如图 2.19 所示。由图 2.19 中结果可以看出，当整流站区内发生故障时，在保护启动元件检测到故障后 2ms 内，换流母线的 Δu 与交流线路 L_1～L_3 末端的 Δi_1～Δi_3 极性均相反，与理论分析结果一致。

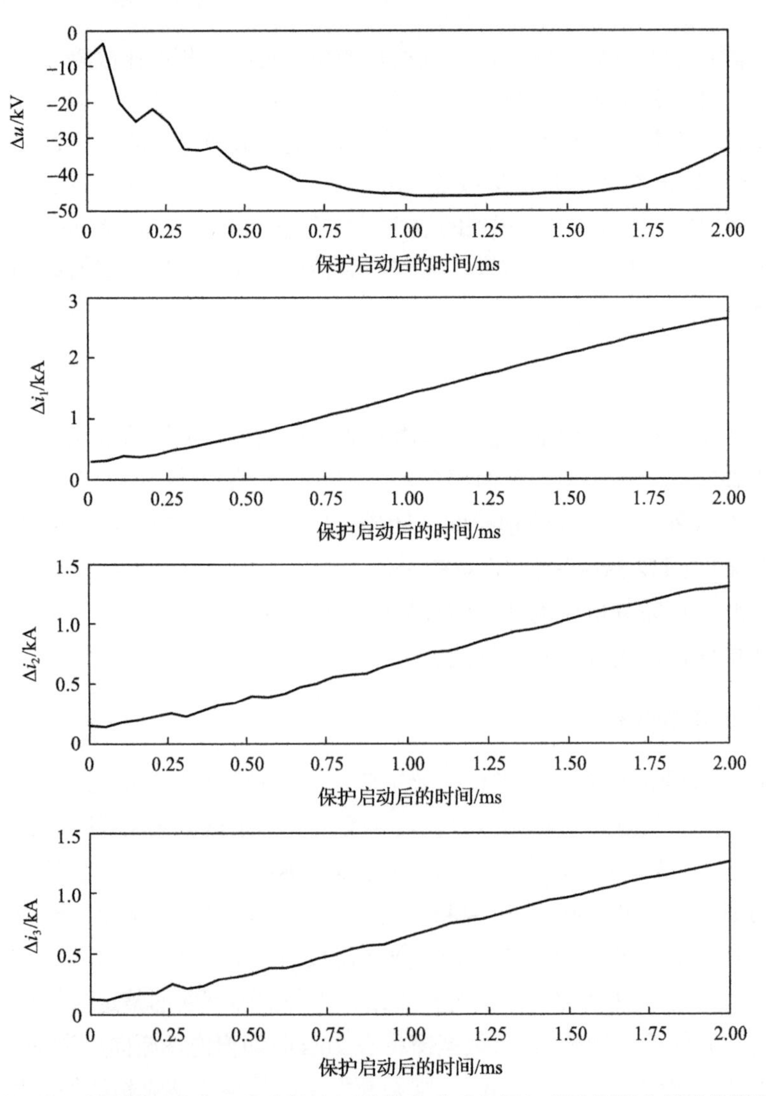

图 2.19　整流站区内点 f_1 发生故障至保护启动后电压与电流故障分量的线模量

数据窗长取 1ms，故障启动后在 2ms 时间窗内逐渐向后滑动，计算得到的 $\cos\theta_1$～$\cos\theta_3$ 如图 2.20 所示。根据图中数据可知，$k_{\max}$ 在时间窗内均小于 0.3，故可判断发生的故障为整流站区内故障，该情况下，3 类整流器后备保护保持其原有配置。

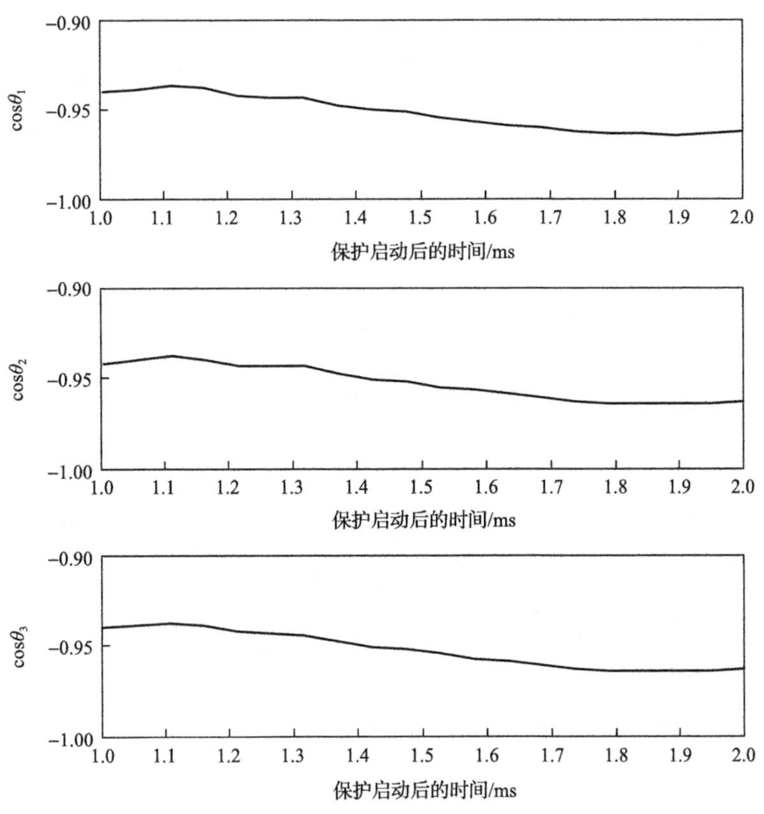

图 2.20 整流站区内点 f_1 发生故障的 $\cos\theta_1$～$\cos\theta_3$ 计算值

2) 整流站区外故障

在模型 2 的送电交流线路 L_1 上点 f_3–L_1 处设置 A 相接地故障，并设置故障点 f_3–L_1 距离换流母线 10km，过渡电阻设为 60Ω，故障初始角设为 45°，故障启动后换流母线电压与各送电交流线路末端电流故障分量(取线模分量)如图 2.21 所示。由图 2.21 中结果可以看出，当整流站区外的线路 L_1 发生故障时，在保护启动元件检测到故障后 2ms 内，线路 L_1 末端的 Δi_1 与换流母线的 Δu 极性相同，线路 L_2 的 Δi_2、线路 L_3 的 Δi_3 均与换流母线的 Δu 极性相反，与理论分析结果一致。

同样地，在保护启动元件检测到故障后，在 2ms 时间窗内逐渐往后滑动取长为 1ms 的数据窗计算 $\cos\theta_1$～$\cos\theta_3$，结果如图 2.22 所示。根据图中数据可知，$\cos\theta_1$ 在时间窗内均近似等于 1，$\cos\theta_2$ 与 $\cos\theta_3$ 均近似等于–1，即 $k_{\max}$ 在时间窗内均大于 0.3，故可判断发生的故障为整流站区外故障，该情况下，闭锁 3 类整流器后备保护 2.6s 后再解锁。

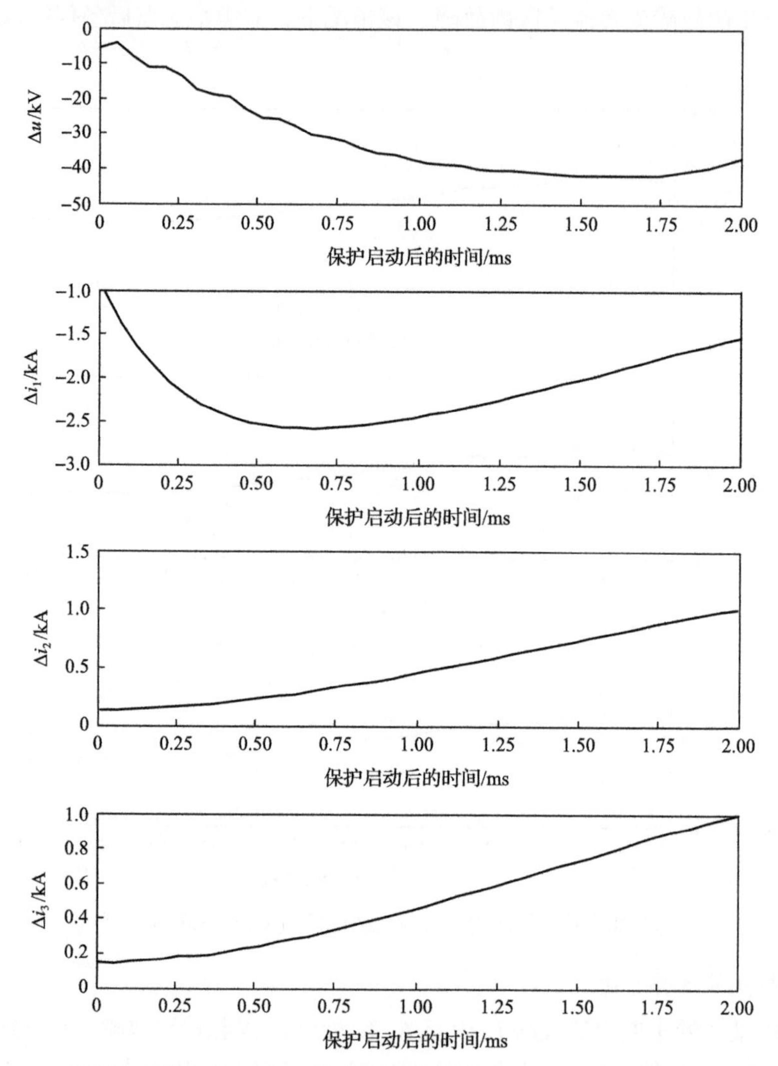

图 2.21　整流站区外点 f_3-L_1 发生故障至保护启动后电压与电流故障分量的线模量

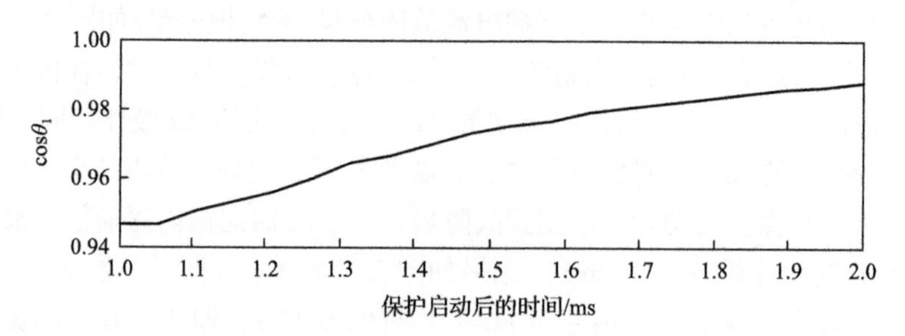

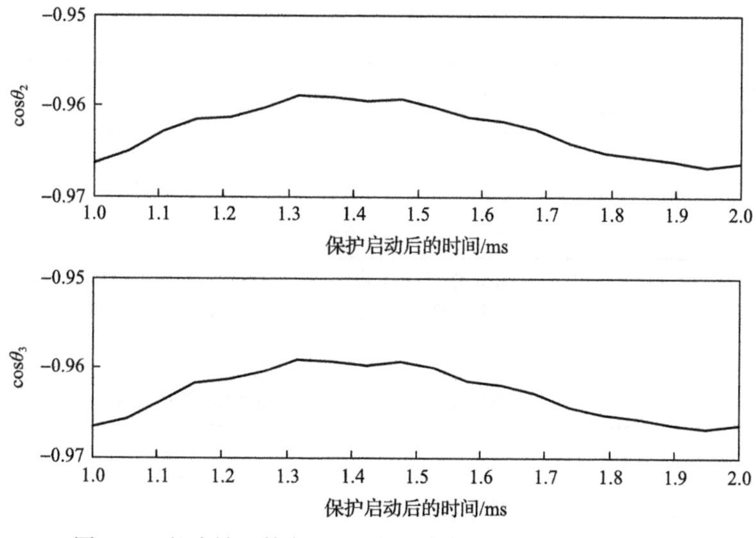

图 2.22 整流站区外点f_3–L_1发生故障的$\cos\theta_1$～$\cos\theta_3$计算值

3. 适应性分析

1) 不同故障位置与故障类型下的适应性分析

分别在模型 1 与模型 2 上设置不同位置与类型的故障，仿真结果见表 2.4 和表 2.5。其中各故障的过渡电阻均为 60Ω，f_1、f_3–L 与 f_3–L_3 的故障初始角为 30°，表中的故障距离表示故障点距离送电交流电源的位置。

表 2.4 基于模型 1 的不同故障位置与类型的仿真结果

故障点与故障类型		故障距离/km	$\cos\theta$	判断结果	保护策略
f_1	AG	—	−0.975～−0.988	区内	0
	AB	—	−0.971～−0.990	区内	0
	ABC	—	−0.971～−0.989	区内	0
f_2	—	—	−0.968～−0.978	区内	0
f_3–L	AG	1	0.968～0.996	区外	1
	AG	15	0.981～0.998	区外	1
	AG	29	0.978～0.994	区外	1
	AB	1	0.969～0.996	区外	1
	AB	15	0.984～0.998	区外	1
	AB	29	0.985～0.999	区外	1

续表

故障点与故障类型		故障距离/km	$\cos\theta$	判断结果	保护策略
f_3-L	ABC	1	0.976～0.996	区外	1
	ABC	15	0.986～0.999	区外	1
	ABC	29	0.982～0.999	区外	1

注：$\cos\theta$ 为模型 1 中换流母线电压故障分量与线路 L 电流故障分量(取线模分量)的夹角余弦值，其最大值即为其本身；保护策略取值为 0 表示整流器后备保护保持原有配置，取值为 1 表示闭锁 3 类整流器后备保护 2.6s 后再解锁；后同。

表 2.5　基于模型 2 的不同故障位置与类型的仿真结果

故障点与故障类型		故障距离/km	$\cos\theta_1$	$\cos\theta_2$	$\cos\theta_3$	判断结果	保护策略
f_1	AG	—	−0.968～−0.938	−0.969～−0.940	−0.969～−0.940	区内	0
	AB	—	−0.962～−0.910	−0.963～−0.913	−0.963～−0.913	区内	0
	ABC	—	−0.961～−0.902	−0.960～−0.906	−0.960～−0.907	区内	0
f_2	—	—	−0.949～−0.921	−0.950～−0.926	−0.950～−0.927	区内	0
f_3-L_3	AG	1	−0.973～−0.968	−0.974～−0.961	0.968～0.999	区外	1
	AG	20	−0.976～−0.974	−0.976～−0.974	0.981～0.999	区外	1
	AG	39	−0.976～−0.974	−0.976～−0.974	0.978～0.999	区外	1
	AB	1	−0.971～−0.968	−0.968～−0.966	0.969～0.998	区外	1
	AB	20	−0.970～−0.955	−0.972～−0.956	0.974～0.998	区外	1
	AB	39	−0.973～−0.969	−0.972～−0.965	0.979～0.999	区外	1
	ABC	1	−0.972～−0.969	−0.972～−0.965	0.979～0.999	区外	1
	ABC	20	−0.977～−0.971	−0.977～−0.971	0.986～1	区外	1
	ABC	39	−0.973～−0.969	−0.972～−0.968	0.979～0.999	区外	1

由表 2.4 和表 2.5 中数据可知，在整流站区内不同位置发生不同类型故障时，模型 1 中换流母线电压故障分量与线路 L 电流故障分量的夹角余弦值 $\cos\theta$，以及模型中 2 换流母线电压故障分量与线路 L_1～L_3 电流故障分量的夹角余弦值 $\cos\theta_1$～$\cos\theta_3$ 均小于 0.3，则判断模型 1 与模型 2 上发生的故障均为整流站区内故障，保护优化不启动，整流器后备保护保持其原有配置；在区外交流线路不同位置发生不同类型故障时，$\cos\theta$ 及 $\cos\theta_1$～$\cos\theta_3$ 的最大值 k_{max} 均大于 0.3，则判断模型 1 和模型 2 上发生的故障均为整流站区外故障，保护优化启动，闭锁 3 类整流器后备保护 2.6s 后再解锁。由此可知，所提整流器后备保护优化方案适用于不

同位置与类型的故障。

2) 不同故障初始角下的适应性分析

故障初始角是电力系统交流继电保护可靠性的重要影响因素之一，现有研究在设计继电保护方法时，一般会考虑保护在小故障初始角情况下的适应性。以 A 相接地故障为例(过渡电阻设置为 60Ω)，分别对不同故障初始角下点f_1、f_3–L 与f_3–L_3发生故障时保护优化方案的性能进行分析，仿真结果见表 2.6 和表 2.7。其中点f_3–L 与f_3–L_3分别距离送电交流电源 25km 和 30km。

表 2.6　基于模型 1 的不同故障初始角的仿真结果

故障点	初始角/(°)	$\cos\theta$	判断结果	保护策略
f_1	5	−0.968～−0.975	区内	0
	90	−0.947～−0.923	区内	0
	120	−0.945～−0.925	区内	0
f_3–L	5	0.989～0.998	区外	1
	90	0.977～0.996	区外	1
	120	0.979～0.996	区外	1

表 2.7　基于模型 2 的不同故障初始角的仿真结果

故障点	初始角/(°)	$\cos\theta_1$	$\cos\theta_2$	$\cos\theta_3$	判断结果	保护策略
f_1	5	−0.979～−0.973	−0.979～−0.973	−0.979～−0.973	区内	0
	90	−0.944～−0.913	−0.945～−0.918	−0.945～−0.920	区内	0
	120	−0.950～−0.900	−0.931～−0.905	−0.930～−0.903	区内	0
f_3–L_3	5	−0.984～−0.982	−0.931～−0.905	0.989～0.998	区外	1
	90	−0.970～−0.959	−0.972～−0.958	0.967～0.996	区外	1
	120	−0.957～−0.908	−0.957～−0.908	0.970～0.997	区外	1

由表 2.6 和表 2.7 中数据可知，所提保护优化方案对不同故障初始角均具有较高的适应性，即使在 5°的小初始角情况下，所提方案仍能够可靠地识别区内或区外故障。

3) 不同过渡电阻下的适应性分析

为分析不同过渡电阻(特别是高阻)对保护优化方案的影响，在点f_1、f_3–L 与f_3–L_3分别设置不同过渡电阻的 A 相接地故障，故障初始角均设为 30°，点f_3–L 与f_3–L_3分别设置为距离换流母线 25km 和 30km，仿真结果如表 2.8 与表 2.9 所示。

表 2.8　基于模型 1 的不同过渡电阻的仿真结果

故障点	过渡电阻/Ω	λ	判断结果	保护策略
	0	−0.979～−0.912	区内	0
f_1	100	−0.965～−0.950	区内	0
	200	−0.966～−0.952	区内	0
	0	0.980～0.996	区外	1
f_3−L	100	0.977～0.998	区外	1
	200	0.955～0.999	区外	1

表 2.9　基于模型 2 的不同过渡电阻的仿真结果

故障点	过渡电阻/Ω	$\cos\theta_1$	$\cos\theta_2$	$\cos\theta_3$	判断结果	保护策略
	0	−0.986～−0.905	−0.985～−0.908	−0.985～−0.908	区内	0
f_1	100	−0.968～−0.947	−0.969～−0.950	−0.969～−0.950	区内	0
	200	−0.968～−0.947	−0.969～−0.950	−0.969～−0.950	区内	0
	0	−0.984～−0.977	−0.984～−0.980	0.979～0.997	区外	1
f_3−L_3	100	−0.972～−0.960	−0.972～−0.961	0.957～0.999	区外	1
	200	−0.968～−0.945	−0.968～−0.947	0.935～0.999	区外	1

由表 2.5 与表 2.6 中数据可知，即使在 200Ω 的高过渡电阻情况下，所提保护优化方案仍能可靠识别故障。

4）噪声干扰情况下的适应性分析

为分析噪声干扰对保护优化方案的影响，在模型 2 中设置不同位置的 A 相接地故障(过渡电阻均为 200Ω，f_3−L_3 距离换流母线 39km)，在得到的仿真数据中加入信噪比为 40dB 和 30dB 的噪声，对保护优化方案的验证结果见表 2.10。

表 2.10　噪声干扰情况下的仿真结果

故障点	信噪比/dB	$\cos\theta_1$	$\cos\theta_2$	$\cos\theta_3$	判断结果	保护策略
f_1	40	−0.969～−0.947	−0.970～−0.937	−0.969～−0.947	区内	0
f_3−L_3		−0.966～−0.922	−0.956～−0.911	0.952～0.998	区外	1
f_1	30	−0.970～−0.932	−0.979～−0.959	−0.970～−0.886	区内	0
f_3−L_3		−0.956～−0.798	−0.921～−0.668	0.957～0.989	区外	1

由表 2.10 可知，虽然在噪声干扰下换流母线电压与交流线路的夹角余弦值会有一定波动，尤其是在信噪比为 30dB 的噪声干扰下在点 f_3−L_3 发生故障时，$\cos\theta_1$

与 $\cos\theta_2$ 将分别波动到−0.798 与−0.668，但其仍小于 0.3，且 $\cos\theta_3$ 均大于 0.3，即 $k_{\max}$ 大于 0.3，故所提保护优化方案仍能可靠判断发生的故障为整流站区外故障。因此，所提保护优化方案具有较高的耐噪声干扰能力。

2.4 逆变器后备保护优化

由 2.2.2 节分析可知，逆变器的 5 类后备保护（100Hz 保护、交流低电压保护、直流低电压保护、桥差保护、阀组差动保护）与整流器的 3 类后备保护类似，均不具备对逆变站区内外故障的辨识能力，且 5 类逆变器后备保护的整定时间小于交流线路后备保护的最长切除故障时间，这些后备保护将可能在逆变站区外交流线路故障下误动作。因此，可以参照整流器后备保护的优化思路，设计基于逆变站区内外故障识别的逆变器后备保护优化方案。但需要注意的是，逆变器发生换相失败时造成的功率波动可能引起极性判别元件失效，故利用极性判别原理的故障识别方法不再适用于逆变站区内外故障的辨识。本节基于对逆变站区内外故障行波特征的分析，提出基于最小电压前行波与反行波幅值积分比值的逆变站区内外故障识别方法，并在此基础上构建了基于故障区域（逆变站区内和区外故障）识别的逆变器后备保护优化方案[5]。

2.4.1 行波特征分析

1. 故障行波基本理论

逆变站区内外故障分布如图 2.23 所示，其中，逆变站区内故障点 f_1 和 f_2 分别为换流变压器一次侧故障及换流器直流侧故障，故障点 f_3–L_h 表示直流输电系统受端连接的 $n(n\geqslant1)$ 条交流线路 L_1～L_n 中的任意一条线路 L_h 故障。

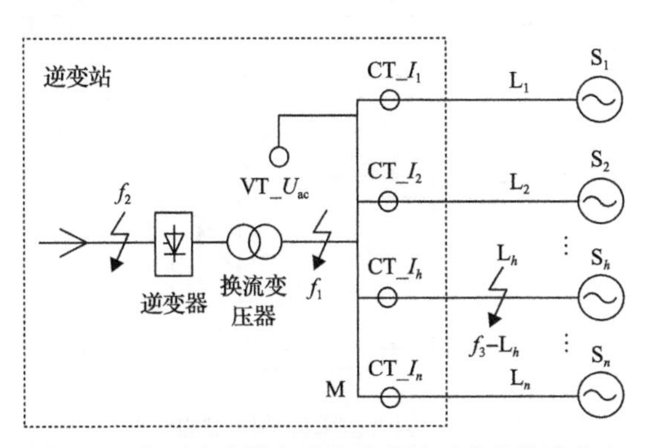

图 2.23 高压直流输电系统逆变站区内外故障分布

由叠加定理可知，在逆变站区内或者区外发生故障时，相当于在故障点附加一电压源，由此产生的故障行波向两侧传播，如当在距离母线 x 处的点 f_3–L_h 发生故障时，该点的电压和电流的叠加分量(故障分量)Δu 和 Δi 为

$$\begin{cases}\Delta u = u^{+}\left(t-\dfrac{x}{v}\right)+u^{-}\left(t+\dfrac{x}{v}\right)\\ \Delta i=\dfrac{1}{Z_{Lh}}\left[u^{+}\left(t-\dfrac{x}{v}\right)-u^{-}\left(t+\dfrac{x}{v}\right)\right]\end{cases} \tag{2-6}$$

式中：v 为行波的传播速度；Z_{Lh} 为故障线路波阻抗；u^{+}与 u^{-}分别为沿正方向传播的电压前行波和沿反方向传播的电压反行波，令换流母线指向交流线路的方向为行波传播的正方向。

由式(2-6)可得电压前行波和反行波分别为

$$u^{+}=\frac{\Delta u+\Delta i\cdot Z_{Lh}}{2} \tag{2-7}$$

$$u^{-}=\frac{\Delta u-\Delta i\cdot Z_{Lh}}{2} \tag{2-8}$$

行波在传播过程中，遇到波阻抗不连续点会发生折射和反射，根据故障附加电路可计算行波的折射和反射系数。在 f_3–L_h 发生故障的故障附加电路如图 2.24 所示。

图 2.24 中，Z_1 为直流系统等效阻抗；Z_C 为交流滤波器、无功补偿电容和换流母线对地杂散电容的等效阻抗；Z_{L1}～Z_{Ln} 为交流线路 L_1～L_n 的波阻抗，在同一系统中，各交流线路的波阻抗近似相等。

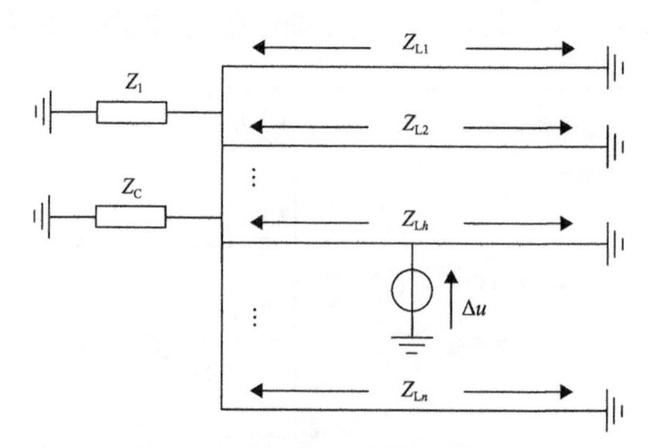

图 2.24　区外故障的故障附加电路

故障电压行波在母线处的反射系数 β 和折射系数 γ 分别为

$$\beta=\frac{(Z_1//Z_C//Z_{LS})-Z_{Lh}}{Z_{Lh}+(Z_1//Z_C//Z_{LS})} \tag{2-9}$$

$$\gamma=1+\beta \tag{2-10}$$

其中，Z_{LS}为除故障线路 L_h 外的所有线路波阻抗的等效阻抗。当直流输电系统受端仅连接一条线路，即 $n=1$ 时，$Z_{LS}=\infty$。令 $p=Z_1//Z_C//Z_{LS}$，式(2-9)可简化为

$$\beta=-\frac{\frac{Z_{Lh}}{p}-1}{\frac{Z_{Lh}}{p}+1} \tag{2-11}$$

根据式(2-10)和式(2-11)可得

$$\gamma=\frac{2}{\frac{Z_{Lh}}{p}+1} \tag{2-12}$$

因此，无论直流输电系统受端连接多少条交流线路，故障电压行波在换流母线处的反射系数绝对值均小于 1，折射系数绝对值均大于 0，即$|\beta|<1$，$|\gamma|>0$。

2. 区内故障行波特征分析

以点 f_1 发生的故障为例分析逆变站区内故障下的行波特征，如图 2.25 所示。当点 f_1 发生故障时，故障分量的行波向各条交流线路 L_1～L_n 折射电压前行波分别为 u_1^+～u_n^+，在 $2l_{min}/v$(l_{min} 为 n 条交流线路长度的最小值)时间内，各交流线路首端均不存在电压反行波。故区内故障的电压行波特征为：在 $2l_{min}/v$ 时间内，$|u_k^+|>|u_k^-|$ $(k=1,2,\cdots,n)$。

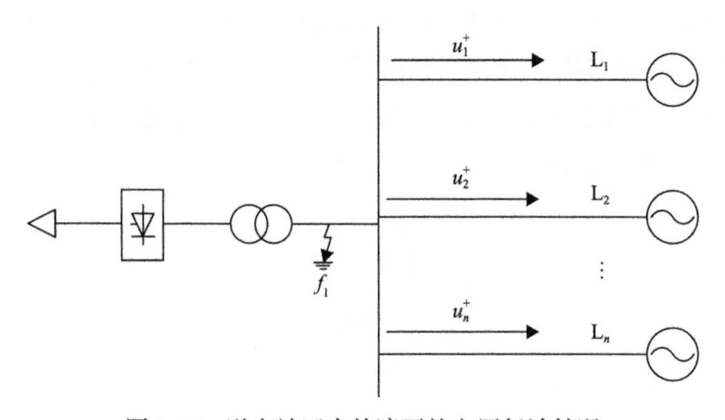

图 2.25 逆变站区内故障下的电压行波情况

3. 区外故障行波特征分析

如图 2.26 所示，当逆变站区外点 f_3–L_h 发生故障时，在 $2l_{min}/v$ 时间内，故障线路 L_h 首端存在电压前行波 u_h^+和电压反行波 u_h^-,并且其故障行波向所有非故障线路折射电压前行波。故区外故障的电压行波特征为：在 $2l_{min}/v$ 时间内，$|u_h^+|<|u_h^-|$，$|u_k^+|>|u_k^-|$ (k=1,2,⋯, n 且 $k\neq h$)。

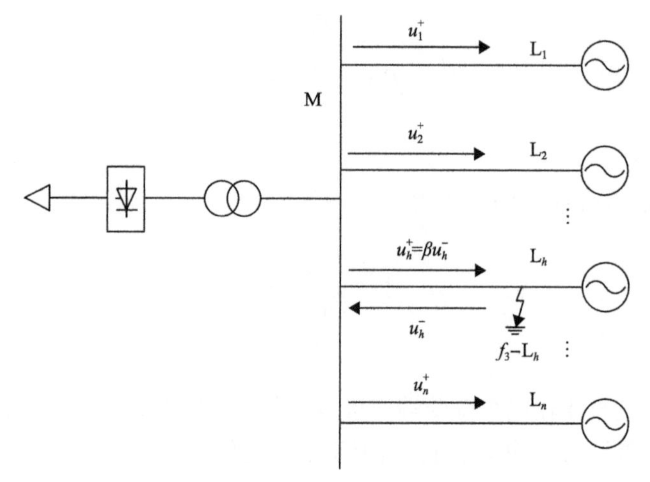

图 2.26　逆变站区外故障下的电压行波情况

2.4.2　保护优化方案

1. 区内外故障识别判据

由故障分析可知，当发生逆变站区内故障时，在 $2l_{min}/v$ 时间内，各交流线路首端的电压前行波绝对值均大于反行波绝对值，即不存在线路的电压前行波绝对值与反行波的绝对值比值小于 1；在逆变站区外故障下，故障线路的电压前行波绝对值小于反行波绝对值，即存在线路的电压前行波绝对值与反行波的绝对值比值小于 1。因此，定义故障后一段时间内交流线路 L_q 的电压前行波与反行波的幅值积分比值 λ_q，如式(2-13)。

$$\lambda_q=\frac{\int_{t_0}^{t_0+T_d}\left|u_q{}^+\right|dt}{\int_{t_0}^{t_0+T_d}\left|u_q{}^-\right|dt} \tag{2-13}$$

式中，t_0 为检测到故障的时间；T_{d} 为积分时间窗的窗长，应小于 $2l_{\min}/v$。由于在架空线路中，行波波速 v 一般为 290～299km/μs，当线路长度为 80～500km 时，$2l_{\min}/v$ 为 0.53～3.45ms，本书取 T_{d} 为 0.5ms。

对式(2-13)进行离散化，可得

$$\lambda_q = \frac{\sum_{k=1}^{N}\left|u_q^{+}(k)\right|}{\sum_{k=1}^{N}\left|u_q^{-}(k)\right|} \tag{2-14}$$

式中，k=1 表示检测到故障后的第一个采样点；N 为一个积分时间窗内的采样点数。

由式(2-14)计算线路 L_1、L_2、…、L_n 的电压前行波幅值积分与反行波的幅值积分的比值 λ_1、λ_2、…、λ_n。进一步，设计基于最小电压前行波与反行波幅值积分比值的区内外故障识别判据

$$\lambda_{\min} = \min(\lambda_1, \lambda_2, \cdots, \lambda_n) < k_{\mathrm{rel}} \times 1 \tag{2-15}$$

若式(2-15)成立，则判断故障发生在逆变站区外；否则，判断故障发生在逆变站区内。式中 k_{rel} 为可靠系数，取为 1.5。

2. 协调配合策略

基于对故障区域(逆变站区内和区外)的识别，可设计逆变器后备保护与区外交流线路后备保护的协调配合策略，其基本思路如下。

(1)在判断出发生的故障为逆变站区内故障时，若此时逆变器后备保护中有 100Hz 保护、交流低电压保护、直流低电压保护、桥差保护或阀组差动保护的整定阈值被满足，相应的保护按其原有配置动作。

(2)在判断出发生的故障为逆变站区外故障时，则闭锁可能误动作的 5 类逆变器后备保护 2.6s，即此情况下可由逆变站区外交流系统的保护切除故障；2.6s 后，解锁 5 类逆变器后备保护。该步操作可等同为在逆变站区外发生故障时，将 5 类逆变器后备保护的整定时间延长至逆变站区外的交流线路后备保护的最长切除故障时间(2.3s)之后。

据此，从故障识别到保护协调配合的逆变器后备保护优化流程如图 2.27。

图 2.27 中的故障启动与相模变换与图 2.18 所示的整流器后备保护优化流程采用同样的手段，不再赘述。

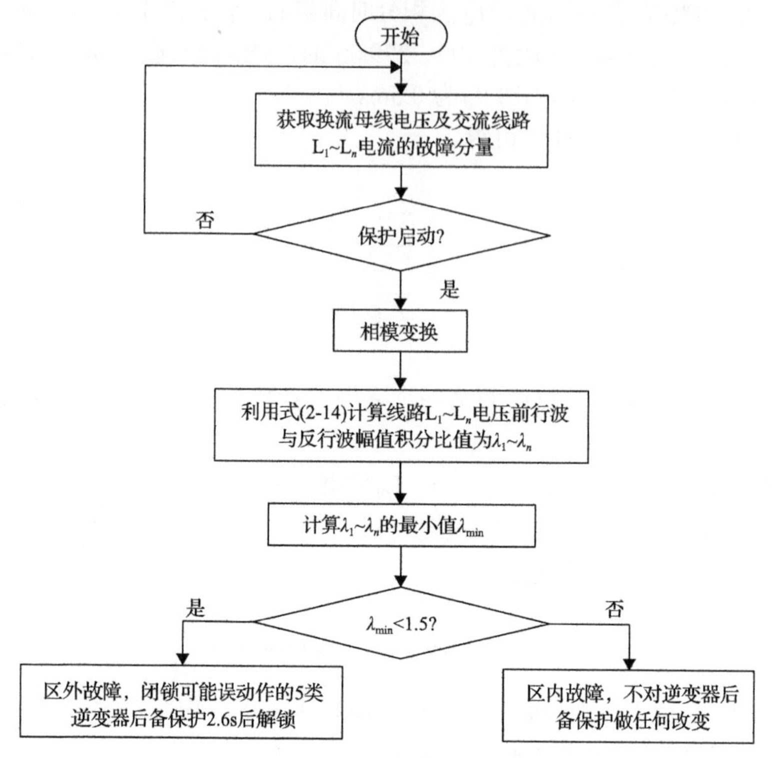

图 2.27　逆变器后备保护优化流程

2.4.3　仿真验证

逆变器后备保护优化方案与 2.3.3 节中整流器后备保护优化方案的验证思路一致，即协调配合策略设计的关键点是确定逆变器后备保护在区外故障下的闭锁时间，而闭锁时间(2.6s)仅与交流线路后备保护的最长切除故障时间(2.3s)有关，故障初始角、过渡电阻等均不影响协调配合策略的设计。因此，仅分析故障识别方法在不同故障条件下的适应性即可验证所提保护优化方案的可行性。

1. 仿真模型参数

在 PSCAD/EMTDC 仿真平台上分别搭建：直流输电系统受端连接有 1 条交流线路的交直流系统仿真模型 1；受端连接有三条交流线路的交直流系统仿真模型 2。其中模型 1 中的交流线路 L 长为 200km，模型 2 中交流线路 L_1～L_3 长度分别为 200km、110km 和 80km。各交流线路均采用频率相关模型，杆塔结构选用 3H5 型。采样频率 f_k=100kHz，时间窗 T_d=0.5ms，即式(2-14)中 N=50，保护启动阈值为 0.3kV。

2. 典型故障仿真

1)逆变站区内故障

在模型 1 上逆变站区内点 f_1 处设置 A 相接地故障，过渡电阻设置为 60Ω，故障初始角设置为 45°，保护启动后的电压前行波与反行波情况如图 2.28 所示。可以看出，当逆变站区内发生故障时，在故障启动元件检测到故障后 0.5ms 内，线路 L_1～L_3 的电压前行波绝对值均大于反行波绝对值，与理论分析结果一致。

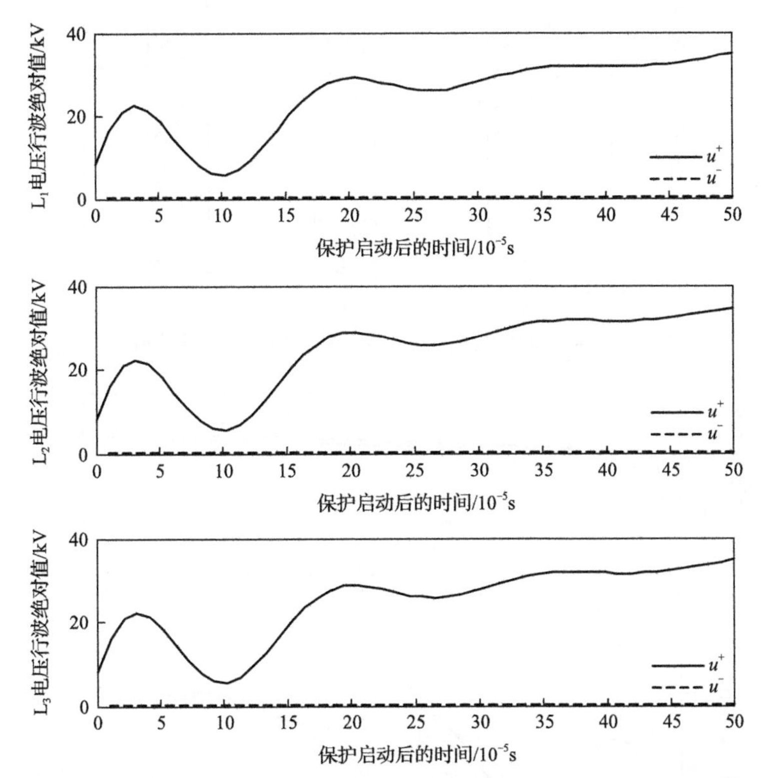

图 2.28 逆变站区内点 f_1 发生故障致保护启动后电压前行波与反行波情况

取检测到故障后(保护启动后)0.5ms 内的数据，计算得到的线路 L_1～L_3 电压前行波幅值积分与反行波的幅值积分的比值 λ_1～λ_3 如图 2.29 所示。根据图中数据可知 λ_{min}=129.44，大于 1.5，故可判断发生的故障为逆变站区内故障，该情况下，5 类逆变器后备保护保持其原有配置。

2)逆变站区外故障

在模型 2 的交流线路 L_1 上点 f_3–L_1 设置 A 相接地故障，并设置故障点 f_3–L_1 距离换流母线 100km，过渡电阻设为 60Ω，故障初始角设为 45°，保护启动后的电压前行波与反行波情况如图 2.30 所示。由图 2.30 中结果可以看出，当逆变站区

外的线路 L_1 上发生故障时，在保护启动元件检测到故障后 0.5ms 内，线路 L_1 的电压前行波的绝对值小于反行波的绝对值，线路 L_2 与线路 L_3 的电压前行波绝对值大于反行波绝对值，与理论分析结果一致。

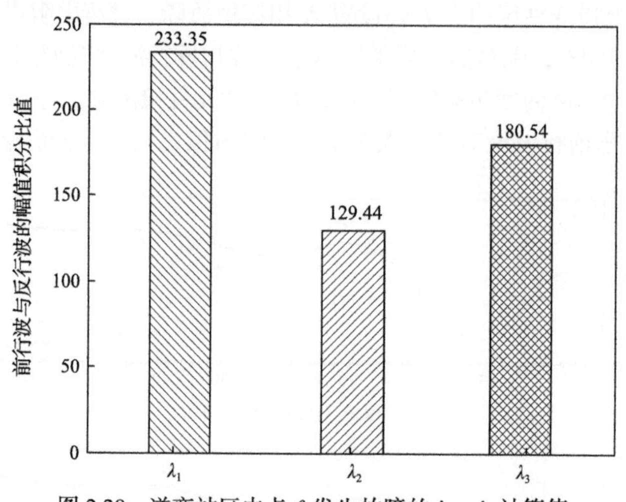

图 2.29　逆变站区内点 f_1 发生故障的 $\lambda_1 \sim \lambda_3$ 计算值

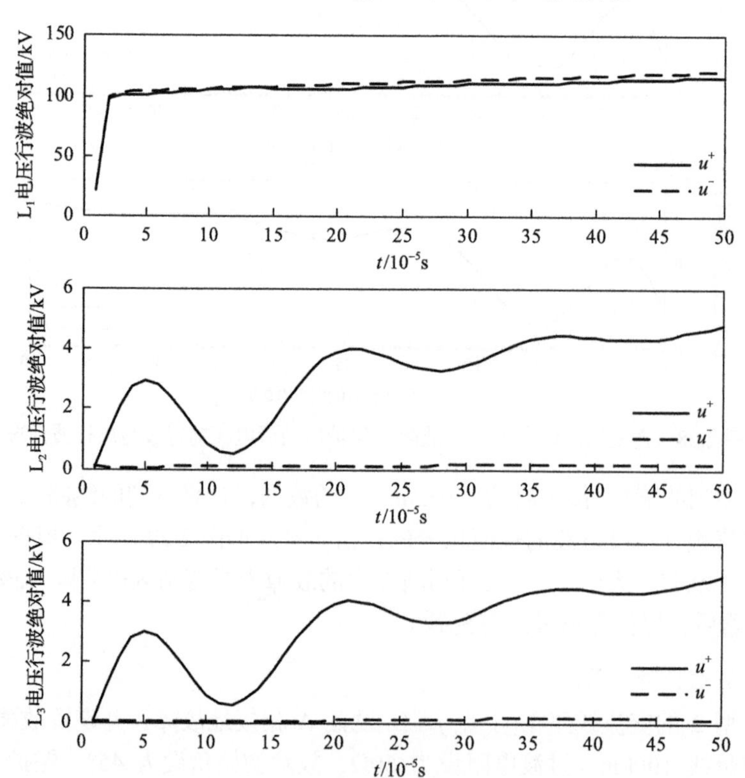

图 2.30　逆变站区外点 f_3–L_1 发生故障致保护启动后电压前行波与反行波情况

取检测到故障后 0.5ms 的数据计算的 λ_1～λ_3 如图 2.31 所示。根据图中数据可知 λ_{min}=0.97，小于 1.5，故可判断发生的故障为逆变站区外故障，该情况下闭锁 5 类逆变器后备保护 2.6s 后再解锁。

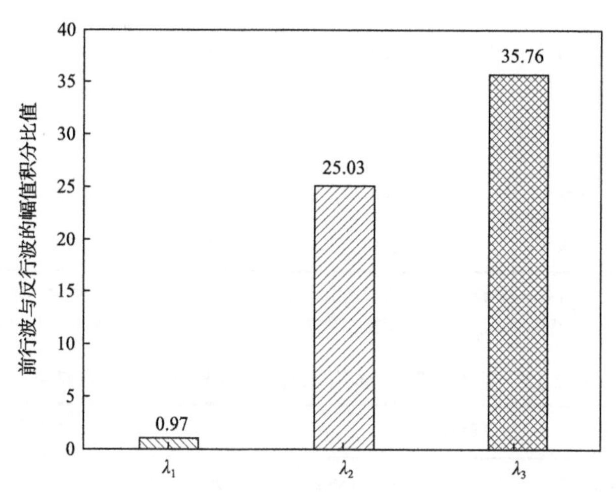

图 2.31 逆变站区外点 f_3–L_1 发生故障的 λ_1～λ_3 计算值

3. 适应性分析

1) 不同故障位置与故障类型下的适应性分析

分别在模型 1 与模型 2 上设置不同位置与类型的故障，仿真结果见表 2.11 和表 2.12。其中各故障的过渡电阻均为 60Ω，点 f_1、f_3–L 与 f_3–L_3 发生故障的初始角为 30°，1km、100km 和 190km 分别表示点 f_3–L 处发生的故障位于线路 L 的近端、中点和远端，1km、40km 和 78km 表示点 f_3–L_3 处发生的故障位于线路 L_3 的近端、中点和远端。

表 2.11 基于模型 1 的不同故障位置与类型的仿真结果

故障点与故障类型		故障距离/km	λ	判断结果	保护策略
f_1	AG	—	377.04	区内	0
	AB	—	264.47	区内	0
	ABC	—	270.86	区内	0
f_2	—	—	534.28	区内	0
f_3–L	AG	1	0.97	区外	1
	AG	100	0.97	区外	1
	AG	190	0.97	区外	1

续表

故障点与故障类型		故障距离/km	λ	判断结果	保护策略
f_3–L	AB	1	0.97	区外	1
	AB	100	0.97	区外	1
	AB	190	0.97	区外	1
	ABC	1	0.97	区外	1
	ABC	100	0.97	区外	1
	ABC	190	0.97	区外	1

注：λ 为交流线路 L 的电压前行波与反行波的幅值积分比值，其最小值即为其本身；保护策略取值为 0 表示逆变器后备保护保持原有配置，取值为 1 表示闭锁 5 类逆变器后备保护 2.6s 后再解锁；后同。

表 2.12 基于模型 2 的不同故障位置与类型的仿真结果

故障点与故障类型		故障距离/km	λ_1	λ_2	λ_3	判断结果	保护策略
f_1	AG	—	186.24	177.05	91.63	区内	0
	AB	—	306.49	285.45	299.90	区内	0
	ABC	—	342.60	283.59	295.52	区内	0
f_2	—	—	113.25	131.68	137.97	区内	0
f_3–L_3	AG	1	152.69	155.44	0.97	区外	1
	AG	40	32.81	43.37	0.97	区外	1
	AG	78	15.87	18.23	0.98	区外	1
	AB	1	308.51	283.09	0.97	区外	1
	AB	40	146.84	149.84	0.97	区外	1
	AB	78	31.90	41.76	0.97	区外	1
	ABC	1	310.01	285.07	0.97	区外	1
	ABC	40	91.26	105.68	0.97	区外	1
	ABC	78	23.80	32.44	0.97	区外	1

由表 2.11 和表 2.12 中数据可知，在逆变站区内不同位置发生不同类型故障时，线路 L 的 λ 以及线路 L_1～L_3 的 λ_1～λ_3 的 λ_{min} 均大于 1.5，则判断模型 1 与模型 2 上发生的故障均为逆变站区内故障，保护优化不启动，即逆变器后备保护保持其原有配置；在逆变站区外交流线路的不同位置发生不同类型故障时，λ 以及 λ_1～λ_3 的 λ_{min} 均小于 1.5，则判断发生的故障为逆变站区外故障，保护优化启动，即闭锁

5 类逆变器后备保护 2.6s 后再解锁。由此可知，所提逆变器后备保护优化方案适用于不同位置与类型的故障。

2）不同故障初始角下的适应性分析

以 A 相接地故障为例（过渡电阻设置为 60Ω），分别对不同故障初始角下点 f_1、f_3–L 与 f_3–L_3 发生故障时保护优化方案的性能进行分析，仿真结果见表 2.13 与表 2.14。其中点 f_3–L 与 f_3–L_3 分别距离换流母线为 120km 和 60km。

表 2.13 基于模型 1 的不同故障初始角的仿真结果

故障点	初始角/(°)	λ	判断结果	保护策略
f_1	5	35.16	区内	0
	90	248.48	区内	0
	120	318.21	区内	0
f_3–L	5	0.97	区外	1
	90	0.97	区外	1
	120	0.97	区外	1

表 2.14 基于模型 2 的不同故障初始角的仿真结果

故障点	初始角/(°)	λ_1	λ_2	λ_3	判断结果	保护策略
f_1	5	54.20	70.19	64.72	区内	0
	90	232.14	253.75	290.99	区内	0
	120	456.14	171.33	106.40	区内	0
f_3–L_3	5	12.05	10.73	0.97	区外	1
	90	96.94	100.20	0.97	区外	1
	120	34.44	20.55	0.97	区外	1

由表 2.13 与表 2.14 中数据可知，虽然逆变站区内故障在小初始角情况下 λ_{min} 有所减小，但保护仍能可靠识别故障，故保护优化方案在不同故障初始角下均具有良好的适应能力。

3）不同过渡电阻下的适应性分析

为分析不同过渡电阻（特别是高阻）对保护优化方案的影响，以 A 相接地故障（故障初始角均为 30°）为例，点 f_1、f_3–L 与 f_3–L_3 分别发生不同过渡电阻故障的仿真结果如表 2.15 与表 2.16 所示，其中点 f_3–L 与 f_3–L_3 分别距离换流母线为 120km 和 60km。

表 2.15　基于模型 1 的不同过渡电阻的仿真结果

故障点	过渡电阻/Ω	λ	判断结果	保护策略
f_1	0	80.39	区内	0
	100	52.12	区内	0
	200	48.37	区内	0
f_3–L	0	0.97	区外	1
	100	0.97	区外	1
	200	0.97	区外	1

表 2.16　基于模型 2 的不同过渡电阻的仿真结果

故障点	过渡电阻/Ω	λ_1	λ_2	λ_3	判断结果	保护策略
f_1	0	226.88	229.92	253.57	区内	0
	100	97.87	106.36	49.34	区内	0
	200	40.87	47.28	22.84	区内	0
f_3–L$_3$	0	39.95	53.22	0.97	区外	1
	100	18.90	27.13	0.97	区外	1
	200	11.69	17.01	0.97	区外	1

由表 2.15 与表 2.16 中数据可知，虽然逆变站区内故障的 λ_{min} 随着过渡电阻的增加而减小，但即使在高阻情况下保护仍然可靠识别故障，故保护优化方案具有较高的耐过渡电阻能力。

4）噪声干扰情况下的适应性分析

为分析噪声干扰对保护优化方案的影响，分别在模型 2 上设置几种 A 相接地故障(过渡电阻均为 200Ω)，f_3–L$_3$ 距离换流母线为 78km。在得到的仿真数据中加入信噪比为 40dB 和 30dB 的噪声，对保护优化方案的验证结果见表 2.17。

表 2.17　噪声干扰情况下的仿真结果

故障点	信噪比/dB	λ_1	λ_2	λ_3	判断结果	保护策略
f_1	40	13.87	15.28	8.84	区内	0
f_3–L$_3$		6.87	7.23	0.98	区外	1
f_1	30	8.87	9.28	5.84	区内	0
f_3–L$_3$		4.87	5.23	0.91	区外	1

根据表 2.17 可知，当逆变站区内发生故障时，虽然在噪声干扰下 λ_1、λ_2 与 λ_3

均有所减小，但 λ_{min} 仍大于 1.5，保护准确判断故障为区内故障；而当逆变站区外发生故障时，各故障状态下的 λ_{min} 仍小于 1.5。因此，所提优化方案具有较高的耐噪声干扰能力。

2.5 换流器接地故障定位

换流器区内的所有接地故障(图 2.32 中的 K1～K5)都将使直流差动保护动作，因而无法简单地根据保护动作情况判断出具体的故障类型与位置，这给直流差动保护动作后的故障处理带来了较大的压力。而且，由 2.2.2 节分析结果可知，直流差动保护还可动作于 K6～K8 三种区外故障，这虽然未增加交直流系统的停电范围而不必设计相应的规避策略，但却加大了直流差动保护动作后换流器故障定位的复杂度。

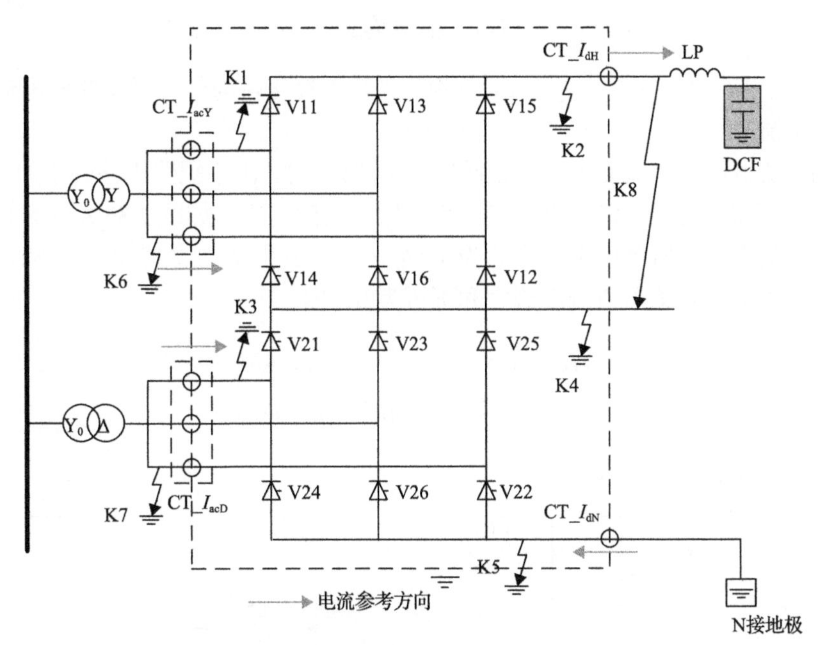

图 2.32 12 脉桥整流器测点配置及故障分布情况

目前针对换流器故障定位方案的研究未考虑保护对区外故障的响应情况，故障定位的可靠性存在一定问题，而且需利用故障后较长时间的电气特征，未考虑电气特征受保护的作用迅速发生变异甚至消失这一现实问题。鉴于此，本节以送端换流器(整流器)为研究对象，考虑直流差动保护对区外故障的响应情况，利用故障电气特征变异前数据的电气信息，设计基于直流差动保护动作的整流器故障定位方案[6]，以期为保护动作后换流器故障的快速有效处理提供指导。

2.5.1 故障特征分析

1. 区外故障特征分析

1) 区外交流侧故障特征分析

高压直流输电系统正常运行时，交流侧电流互感器 CT_I_{acY} 与 CT_I_{acD} 所测得的三相电流均对称，即电流之和为 0。

换流器区内发生故障 K1～K5 或区外发生故障 K8 时，交流侧电流互感器所测得的电流为换流变压器二次侧三相电流 I_a、I_b、I_c。由于高压桥与低压桥的换流变压器二次侧均无法提供零序电流的流通路径，同时换流变压器与换流器之间连接线路较短，其对地电容接近 0，故换流变压器二次侧三相电流之和接近 0，即

$$\begin{cases} I_{aY} + I_{bY} + I_{cY} \approx 0 \\ I_{aD} + I_{bD} + I_{cD} \approx 0 \end{cases} \tag{2-16}$$

式中，I_{aY}、I_{bY}、I_{cY} 与 I_{aD}、I_{bD}、I_{cD} 分别为换流器高压桥与低压桥交流侧电流互感器所测电流。

当换流器区外交流侧发生接地故障 K6 或 K7 时，由于短路支路的增加，交流侧电流互感器测得的电流不再为换流变压器二次侧电流，如图 2.33 所示。此时，交流侧电流互感器所测的电流之和为 I_a+I_b+I_c–I_g，其中 I_g 为故障电流，因 I_g 的存在，交流侧电流互感器所测电流之和不再为 0，即

$$\begin{cases} I_Y = \text{abs}(I_{aY} + I_{bY} + I_{cY}) > \Delta\text{或} \\ I_D = \text{abs}(I_{aD} + I_{bD} + I_{cD}) > \Delta \end{cases} \tag{2-17}$$

式中，Δ 为大于 0 的判断阈值。

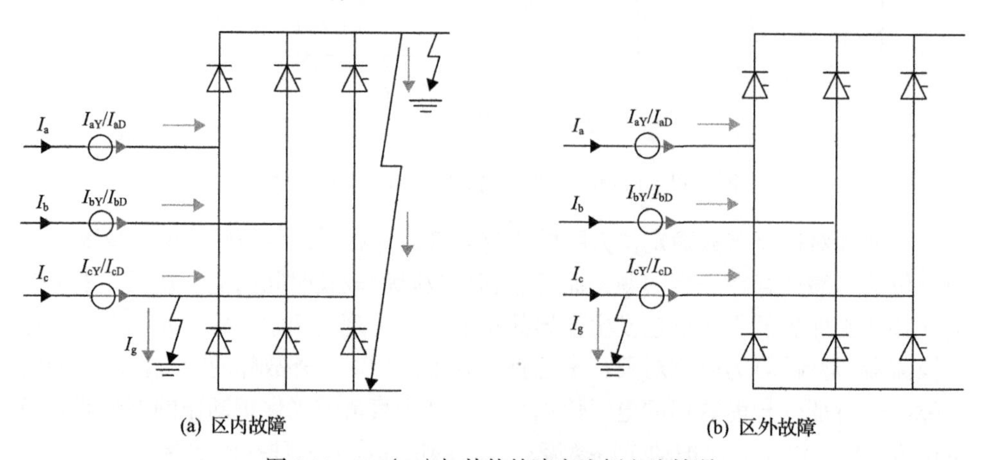

图 2.33　K6(K7) 与其他故障交流侧电流情况

基于 PSCAD/EMTDC 平台的 CIGRE 标准高压直流输电测试模型，在 0.6s 分别设置 K1、K3、K6 与 K7 故障，仿真结果如图 2.34 所示。图中 I_{YS} 与 I_{DS} 分别表示 Y 桥和 D 桥交流侧电流互感器所测电流之和。仿真波形表明，当发生区外交流侧 K6 或 K7 故障时，I_{YS} 或 I_{DS} 的值将远大于 0；而在发生其他故障时，I_{YS} 与 I_{DS} 接近于 0，结果与理论分析一致。

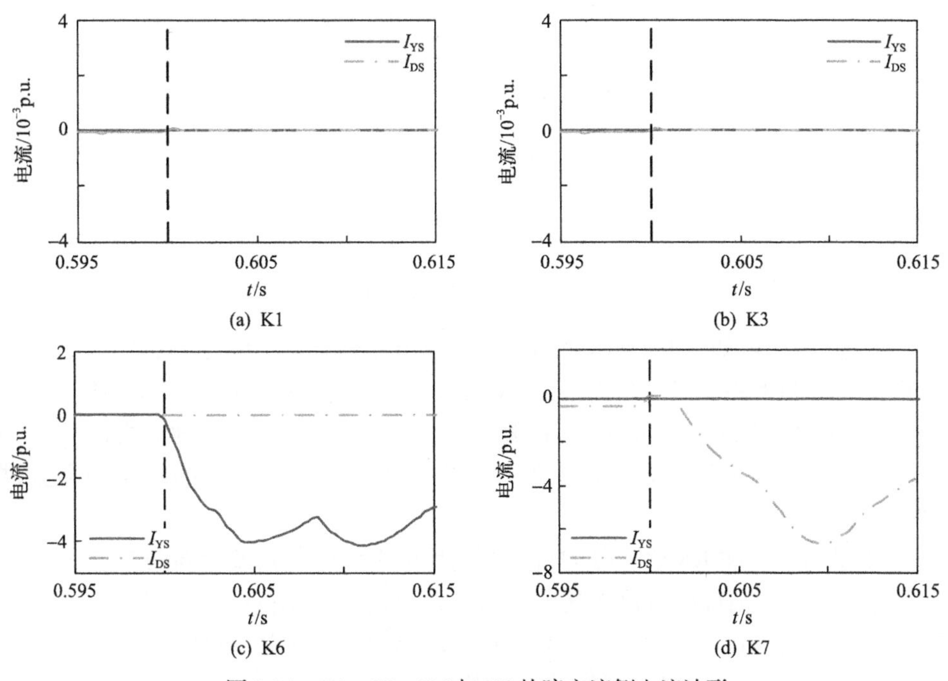

图 2.34 K1、K3、K6 与 K7 故障交流侧电流波形

2) 区外直流侧故障特征分析

当区外直流侧发生短路故障 K8 时，在换流器区将形成 2 个电流回路，如图 2.35 所示，图中换流器交流侧元件(含换流变压器、送电交流电源等)用三相电源 U_a、U_b、U_c 和阻抗 L_r 表示。其中回路 1 由高压桥电源(包括换流变压器、送端交流电源等)、高压桥共阴极导通阀、CT_I_{dH} 和故障点和高压桥共阳极导通阀组成。当换流器高压桥有 2 个阀导通时，相当于高压桥电源发生两相短路，当换流器高压桥有 3 个阀导通时，则相当于高压桥电源发生三相短路，故处于回路 1 中的电流增大，即 I_{dH} 增大。回路 2 电流将通过直流线路、受端系统和 CT_I_{dN}、低压桥返回故障点，该回路相较于原正常回路丢失了高压桥电源，仅有低压 6 脉桥的电源支撑电压，直流侧输出电压减小，因而回路 2 电流减小，即 I_{dN} 减小。

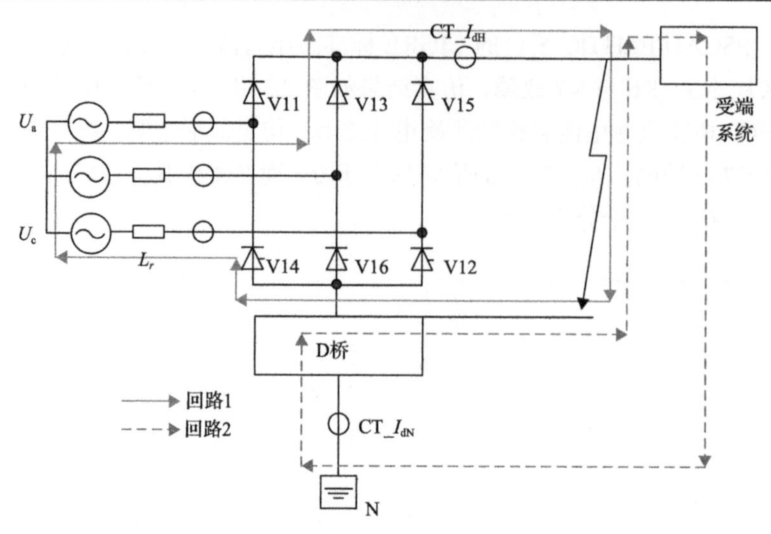

图 2-35　K8 故障电流回路

由上述分析可知，由于 K8 的故障点在电流互感器 CT_I_{dH}之后，导致 CT_I_{dH}处于短路回路(回路 1)中，从而使得 I_{dH}将大于直流输电系统正常运行状态下的直流侧高压端电流值 I_{dHn}。而当发生故障 K1～K7 时，由于故障接地点均在 CT_I_{dH}之前，CT_I_{dH} 并不处在电流增大的短路回路中，即短路回路的电流不会流过 CT_I_{dH}，I_{dH}不会增大。

0.6s 发生 K1 和 K8 故障时的直流侧高压端电流的仿真波形如图 2.36 所示，其中 I_{dH_K1}为 K1 故障时直流侧高压端电流 I_{dH}的情况，I_{dH_K8}为 K8 故障时直流侧高压端电流 I_{dH}的情况。由图中结果可见，故障特征与理论分析结果一致。因此，通过辨识故障特征 $I_{dH}>I_{dHn}$可有效识别 K8 故障。

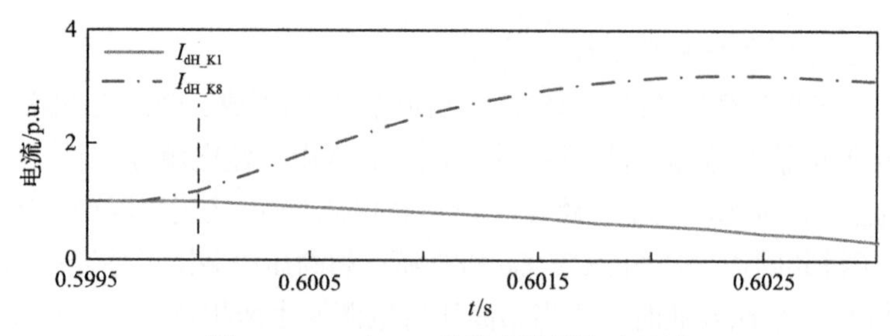

图 2.36　K1 与 K8 故障直流侧电流波形

2. 区内故障特征分析

1) 换流器高压桥接地故障特征分析

(1) K1 故障。由于直流输电系统三相对称，故 A 相、B 相与 C 相发生单相接地故障的特征类似，本书以高压桥 A 相接地故障为例，分别从 V14 导通、V11 导通、V11 与 V14 均不导通 3 种情况对 K1 故障进行分析。

①情况 1：V14 导通时发生故障。

故障发生后，形成 2 个电流回路，如图 2.37(a)所示。回路 1 由接地故障点、接地极、CT_I_{dN}、低压桥(包括低压桥电源)以及高压桥共阳极导通阀(V14)构成，此回路相当于低压桥电源经过接地点和接地极形成电源两相接地或三相接地短路，故 I_{aD}、I_{bD}、I_{cD} 绝对值的最大值 I_{acD} 与 I_{dN} 将均增大。此情况下，由于晶闸管的反向阻断特性，直流滤波器将无法对换流器放电，电流将不能从直流滤波器反向流至换流器，即 I_{dH} 不会小于 0，所以回路 2 的电流将通过换流器高压桥共阴极导通阀、CT_I_{dH}、直流线路、受端系统流回送端换流器；由于此回路相较于原正常电流回路丢失了低压桥电源，故直流侧输出电压减小，从而 I_{aY}、I_{bY}、I_{cY} 绝对值的最大值 I_{acY} 与 I_{dH} 将减小。

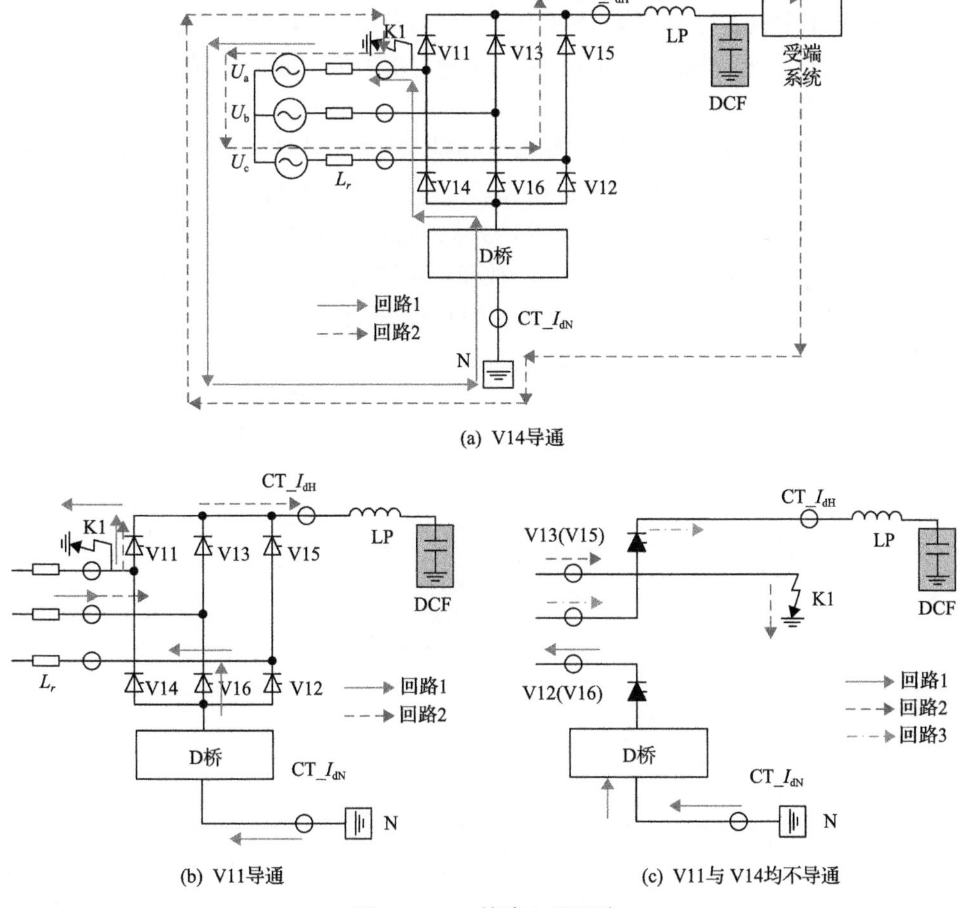

(a) V14导通

(b) V11导通　　(c) V11与V14均不导通

图 2.37　K1 故障电流回路

②情况 2：V11 导通时发生故障。

故障发生后，将形成如图 2.37(b)所示的 2 个电流回路。回路 1 由接地故障点、接地极、CT_I_{dN}、低压桥及高压桥电源构成，类似于情况 1，此回路为电源短路回路，因而 I_{acY}、I_{acD}与 I_{dN} 均增大。同样地，回路 2 中电流将无法反向流至换流器，因此其由 V11、CT_I_{dH}、直流线路、受端换流器、接地极返回接地故障点，此回路直流侧与地(故障接地点)连接，相当于整流侧丢失了电源的高压直流输电系统，回路输出电压下降，故回路 2 的 I_{dH} 减小，但不会小于 0。

③情况 3：V11 与 V14 均不导通时发生故障。

故障后，电流回路如图 2.37(c)所示，与上述分析类似，回路 2 为电源短路回路，回路 3 的输出电压减小，回路 1 由回路 2 与回路 3 叠加而得，此种情况的各电流变化与上述情况 2 类似，故障导致 I_{acY}、I_{acD} 及 I_{dN} 增大，I_{dH} 减小，但 I_{dH} 不会小于 0。

在 K1 故障的情况 1 中，V14 导通结束后，V15 和 V16 将导通，即进入情况 3 阶段。因此 K1 的情况 1 的故障特征为：在故障发生后，电流信号中既存在 $I_{acY}<I_{acYn}$(I_{acYn} 指正常运行状态下，I_{aY}、I_{bY}、I_{cY} 绝对值的最大值)又存在 $I_{acY}>I_{acYn}$，但不存在 $I_{dH}<0$。

因此，综合情况 1、情况 2 与情况 3 下的 K1 故障特性分析，可得 K1 的故障特征为：在故障发生后，电流中存在 $I_{acY}>I_{acYn}$ 但不存在 $I_{dH}<0$。

在仿真模型中设置 0.576s 发生 K1 故障，此时 C 相开始向 A 相换相，V14 刚开始导通，即 K1 故障发生在情况 1。故障电流波形如图 2.38(a)所示，故障发生后，I_{acY} 先减小，到故障发生 7.8ms 后，即 0.5838s 后，$I_{acY}>1$p.u.。同理对情况 2

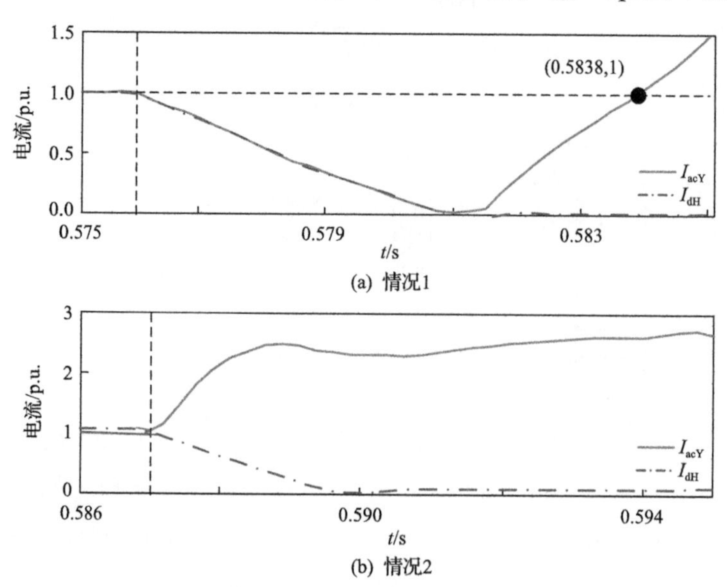

(a) 情况1

(b) 情况2

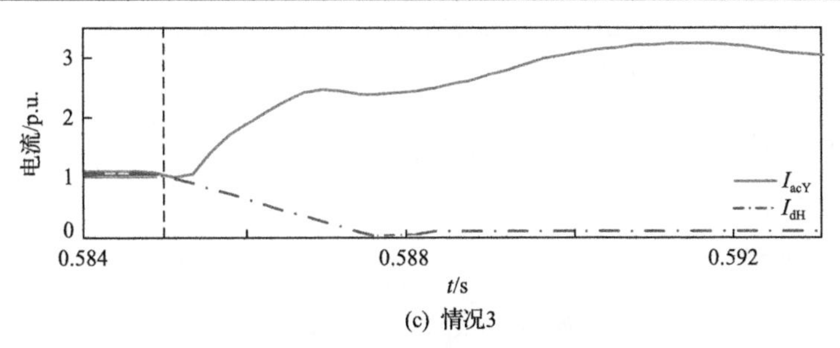

(c) 情况3

图 2.38　高压桥 A 相接地故障电流波形

和情况 3 下的 K1 故障进行仿真，分别设置故障时刻为 0.587s 与 0.585s，故障电流波形如图 2.38(b)和图 2.38(c)所示。3 种情况的仿真结果均显示，在故障发生后，故障电流中存在 $I_{acY}>I_{acYn}$ 而不存在 $I_{dH}<0$，与理论分析一致。

(2) K2 故障。发生 K2 故障后，电流回路如图 2.39 所示，回路 1 电流通过高压桥电源、高压桥共阴极导通阀、接地故障点、接地极、CT_I_{dN} 和低压桥流回高压桥，此回路将形成电源短路，故 I_{acY}、I_{acD} 及 I_{dN} 均增大。由于直流滤波器在正常运行时储存了较大的能量，当换流器直流侧高压端接地时，直流滤波器向接地故障点放电，形成了回路 2，使得流过 CT_I_{dH} 的电流由正向迅速转为反向，I_{dH} 先减小至 0 后反向增大。因此可总结 K2 的故障特征为：在故障发生后，故障电流中立即存在 $I_{acY}>I_{acYn}$ 且 $I_{dH}<0$。

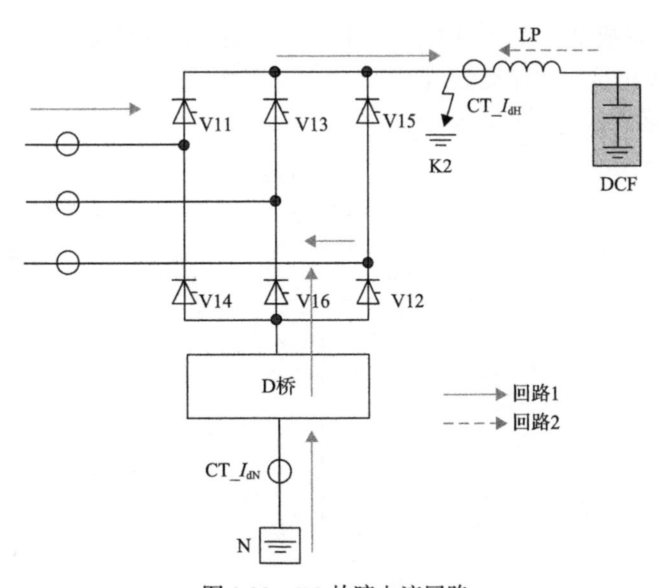

图 2.39　K2 故障电流回路

图 2.40 为 0.6s 发生 K2 故障时的电流情况，可见故障特征与分析结果一致。

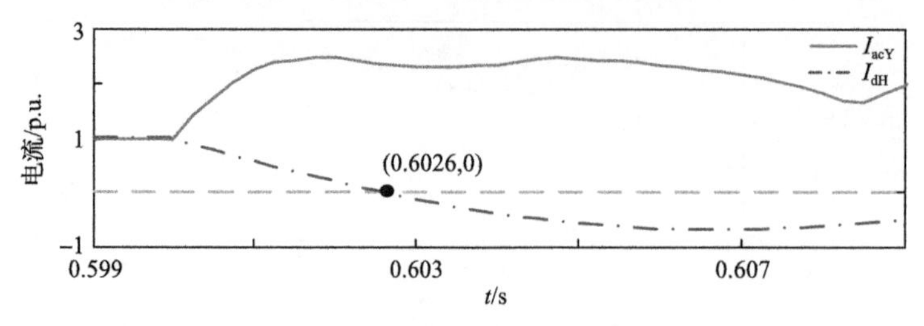

图 2.40　K2 故障电流波形

2）换流器低压桥接地故障特征分析

（1）K3 故障。与高压桥故障 K1 类似，本节以低压桥交流侧 A 相接地为例，分别从 V24 导通、V21 导通、V21 与 V24 均不导通 3 种情况对 K3 进行分析。

①情况 1：V24 导通时发生故障。

故障后，形成 2 个电流回路，如图 2.41(a)所示，回路 1 由接地故障故障点、接地极、CT_I_{dN}及 V24 构成；回路 2 电流由低压桥电源、低压桥的共阴极导通阀、高压桥、CT_I_{dH}和直流线路、受端系统流回送端换流器构成。此时高压直流输电系统相当于整流侧的中性线上加入一个接地点，即回路 2 输出的电压将不受影响，回路 2 中的电流 I_{acY}、I_{acD}与 I_{dH}将不变。然而由于流过 CT_I_{dN}的电流被故障点分流，故 I_{dN}将减小。

②情况 2：V21 导通时发生故障。

故障后，形成 2 个电流回路，如图 2.41(b)所示。此情况与上述 V14 导通时发生高压桥 A 相接地故障类似，回路 1 为电源短路回路，回路 2 的输出电压减小，故 I_{acD}与 I_{dN}增大，I_{acY}与 I_{dH}减小。

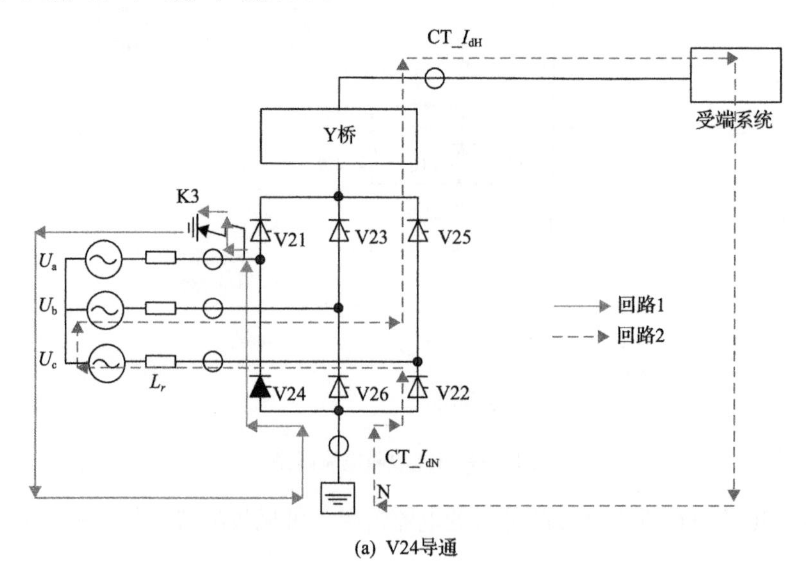

(a) V24导通

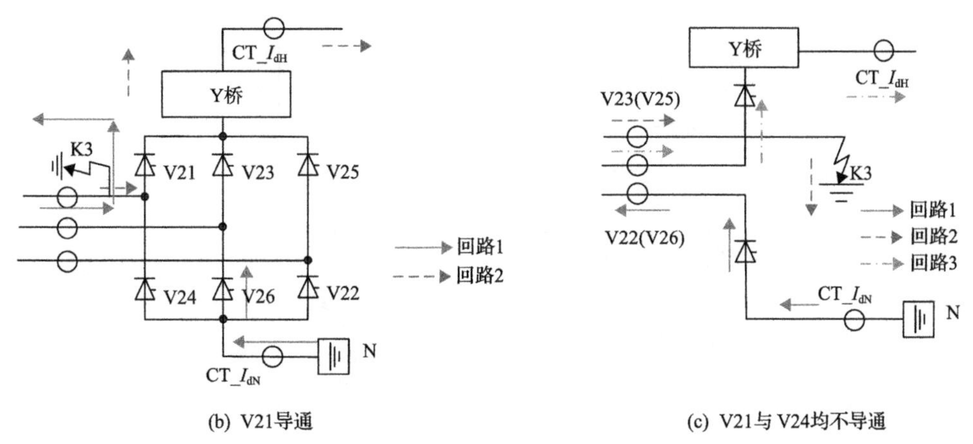

(b) V21导通　　(c) V21与V24均不导通

图 2.41　K3 故障电流回路

③情况 3：V21 与 V24 均不导通时发生故障。

故障后，形成 2 个电流回路，如图 2.24(c)所示。其中回路 2 为电源短路回路，回路 3 的输出电压减小，回路 1 由回路 2 与回路 3 叠加而得，此情况分析与情况 2 类似，故障导致 I_{acD} 及 I_{dN} 增大，I_{acY} 与 I_{dH} 减小。

在 K3 的情况 1 中，V24 导通结束后，V25 和 V26 将导通，即进入情况 3 阶段，因此 K3 的情况 1 的故障特征为：在故障发生后，故障电流中既存在 $I_{dN}-I_{dH}<0$ 又存在 $I_{dN}-I_{dH}>0$，而且存在 I_{acY} 与 I_{dH} 不变的情况。

K3 的情况 2 和情况 3 的故障电流变化一致，故障特征为：在故障发生后，故障电流中立即存在 $I_{acY}<I_{acYn}$ 且 $I_{dN}-I_{dH}>0$。

因此，K3 的故障特征可分为 2 类，即 K3 的情况 1 的故障特征为第 1 类，K3 的情况 2 和情况 3 的故障特征为第 2 类。

在 CIGRE 标准高压直流输电测试模型上设置 K3 的故障时刻为 0.574s，此时刚进入 K3 的情况 1 的时段，即 C 相刚开始向 A 相换相，V24 开始导通，仿真结果如图 2.42(a)所示。故障发生后，I_{acY} 与 I_{dH} 均有一段时间保持不变，I_{dN} 减小至小于 1p.u.；在 0.58175s 时刻，即故障发生 7.75ms 后，I_{dN} 上升至大于 I_{dH}，与理论分析出的 K3 的情况 1 的故障特征一致。

分别设置故障时刻为 0.586s 与 0.583s，对 K3 的情况 2 和情况 3 进行仿真，仿真结果如图 2.42(b)和(c)所示，可以看出，在故障发生后，$I_{acY}<I_{acYn}$ 且 $I_{dN}>I_{dH}$，与理论分析一致。

(2) K4 故障。发生故障 K4 后，电流回路如图 2.43 所示。与上述分析类似，回路 1 电流增大，回路 2 电流减小，因此 K4 与 K3 的情况 2 和情况 3 故障电流变化一致，K4 的故障特征为：在故障发生后，故障电流中立即存在 $I_{acY}<I_{acYn}$ 且 $I_{dN}-I_{dH}>0$。

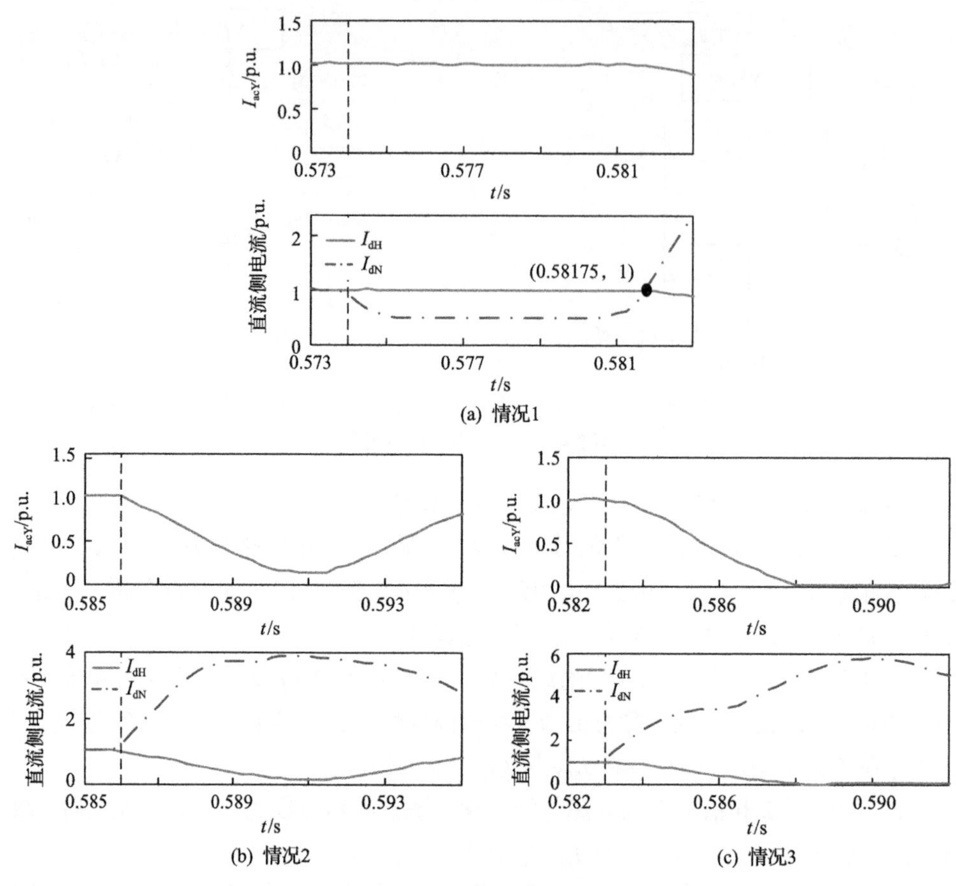

图 2.42　低压桥 A 相接地故障电流波形

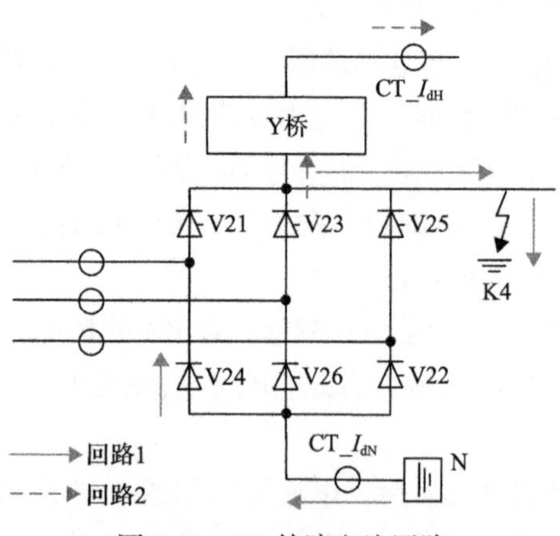

图 2.43　K4 故障电流回路

图 2.44 为 0.6s 发生 K4 故障时的电流情况，可见故障特征与分析结果一致。

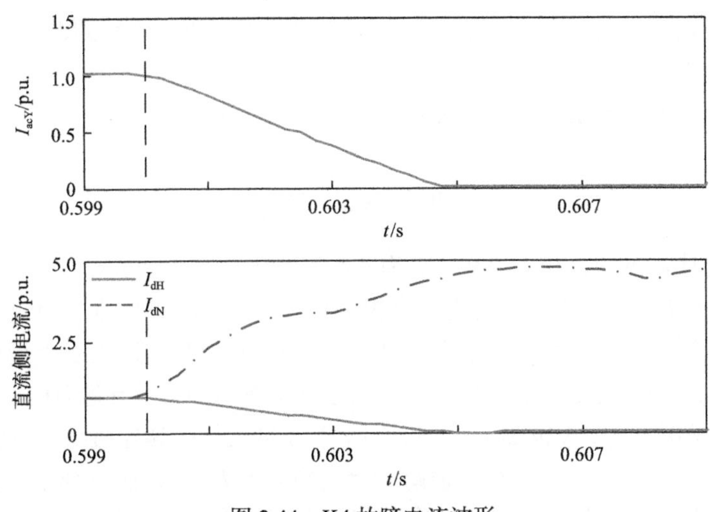

图 2.44 K4 故障电流波形

(3) K5 故障。K5 的故障回路与上述 K3 故障的情况 1 类似，但 K5 故障相当于在换流器中性线上恒引入了一个接地点，故 I_{acY}、I_{acD} 与 I_{dH} 恒不变，I_{dN} 恒小于其正常运行值。因此可总结 K5 的故障特征为：I_{acY} 与 I_{dH} 不变且不存在 $I_{dN}-I_{dH}>0$。

图 2.45 为 0.6s 发生 K5 故障时的电流情况，可见故障特征与分析结果一致。

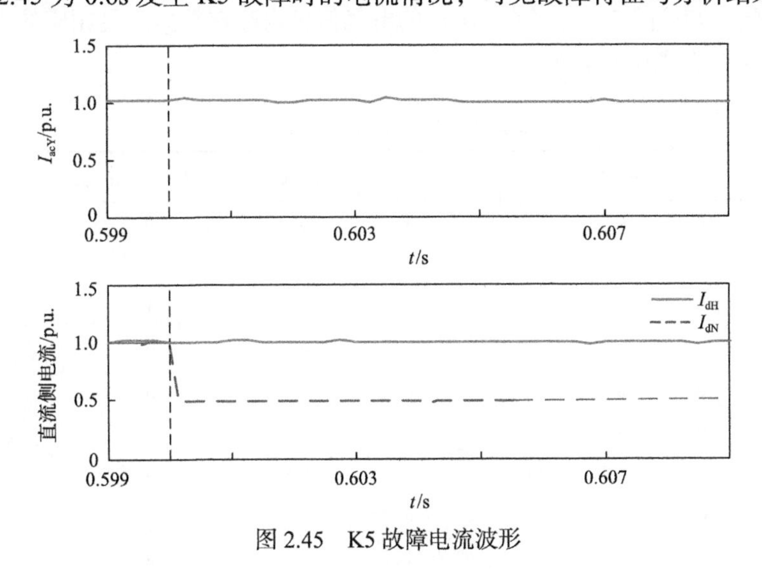

图 2.45 K5 故障电流波形

2.5.2 故障定位方案

常规高压直流输电工程中，直流差动保护一般在检测到故障后，延时 10ms 甚至大于 10ms 后才开始换流器闭锁工作，故障发生后 10ms 内相关故障特征不会受控制作用而发生改变。因而要实现故障定位，可用的故障后的电气信息时间需在 10ms 以内。

在高压直流输电系统中，换流器各阀的最长导通时间为

$$t_1 = \frac{120° + \mu}{360°} T \tag{2-18}$$

式中，μ 为换流器的换相重叠角；T 为系统运行周期，为 20ms。

对于 12 脉动桥换流器，为避免换相引起 2 个 6 脉动换流器之间的耦合影响，直流输电系统正常运行时 μ 一般取为 20°；而当送端换流器区内发生接地故障时，μ 应小于 30°，即 μ 的最大值不到 30°，送端换流器各阀的最长导通时间 t_1＜8.34ms。

在 K1 情况 1 中，V14 最长导通时间小于 8.34ms，在其导通结束后将进入 K1 的情况 3 阶段，I_{acY} 从一个近稳态值瞬时增大到大于 I_{acYn}；因而可利用故障后 10ms 以内的电气信息，通过 $I_{acY} > I_{acYn}$ 判断出换流器区内接地故障发生在高压桥。同理，可通过判断故障后 10ms 以内电气信息中是否存在 $I_{dN} - I_{dH} > 0$ 以区分出 K3 的情况 1 与 K5。

利用故障电气特征变异前 10ms 时间段的电气信息，可设置 7 类判据对各故障进行分类，各判据如表 2.18 所示。表中 $K3_{(1)}$ 与 $K3_{(2,3)}$ 分别表示 K3 的情况 1 与 K3 的情况 2 和情况 3。定义在 10ms 的电气信息内存在数据满足相应的判据则用 1 表示，不存在则用 0 表示。

表 2.18　各类故障的判据情况

故障类型	$I_Y > \Delta$	$I_D > \Delta$	$I_{dH} > I_{dHn}$	$I_{acY} > I_{acYn}$	$I_{dH} < 0$	$I_{acY} = I_{acYn}$ & $I_{dH} = I_{dHn}$	$I_{dN} - I_{dH} > 0$
K1	0	0	0	1	0	0	1
K2	0	0	0	1	1	0	1
$K3_{(1)}$	0	0	0	0	0	1	1
$K3_{(2,3)}$	0	0	0	0	0	0	1
K4	0	0	0	0	0	0	1
K5	0	0	0	0	0	1	0
K6	1	0	0	1	0	0	1
K7	0	1	0	0	0	0	1
K8	0	0	1	1	0	0	0

根据表 2.18 中 7 类判据设计故障定位方案时，需考虑避开正常运行时由互感器的传变误差、换流器中的杂散电流等因素可能造成的最大不平衡电流。实际系统中每个电流互感器测量的最大不平衡电流为正常运行值的 4%，则 $I_{dN} - I_{dH}$ 存在的最大不平衡电流最大可达到 $0.08 I_{dHn}$，因而设计其对应的故障定位判据为 $I_{dN}-$

$I_{dH}>0.08I_{dHn}$；其余 6 类判据设计原理与之一致，根据 7 类判据设计的故障定位方案流程如图 2.46 所示。其实现步骤如下。

(1)根据直流差动保护是否发出动作信号来判断是否启动故障定位工作，若启动，则进入第(2)步。

(2)获取 I_{aY}、I_{bY}、I_{cY}、I_{aD}、I_{bD}、I_{cD}、I_{dH}及 I_{dN} 8 种电气信息在故障后 10ms 的数据。

(3)判断电气信息中是否存在连续 0.3ms 的数据均满足 $\text{abs}(I_{aY}+I_{bY}+I_{cY})>0.12I_{acYn}$，若是，判定发生 K6 故障；同理，若判断出电气信息中存在连续 0.3ms 的数据均满足 $\text{abs}(I_{aD}+I_{bD}+I_{cD})>0.12I_{acDn}$($I_{acDn}$是指正常运行状态下，$I_{aD}$、$I_{bD}$、$I_{cD}$绝对值的最大值)，则判定发生 K7 故障；若判断出电气信息中存在连续 0.3ms 的数据均满足 $I_{dH}>1.04I_{dHn}$，则判定发生 K8 故障。若电气信息中不存在连续 0.3ms 的数据满足这 3 类判据的任意一个，则进入第(4)步。

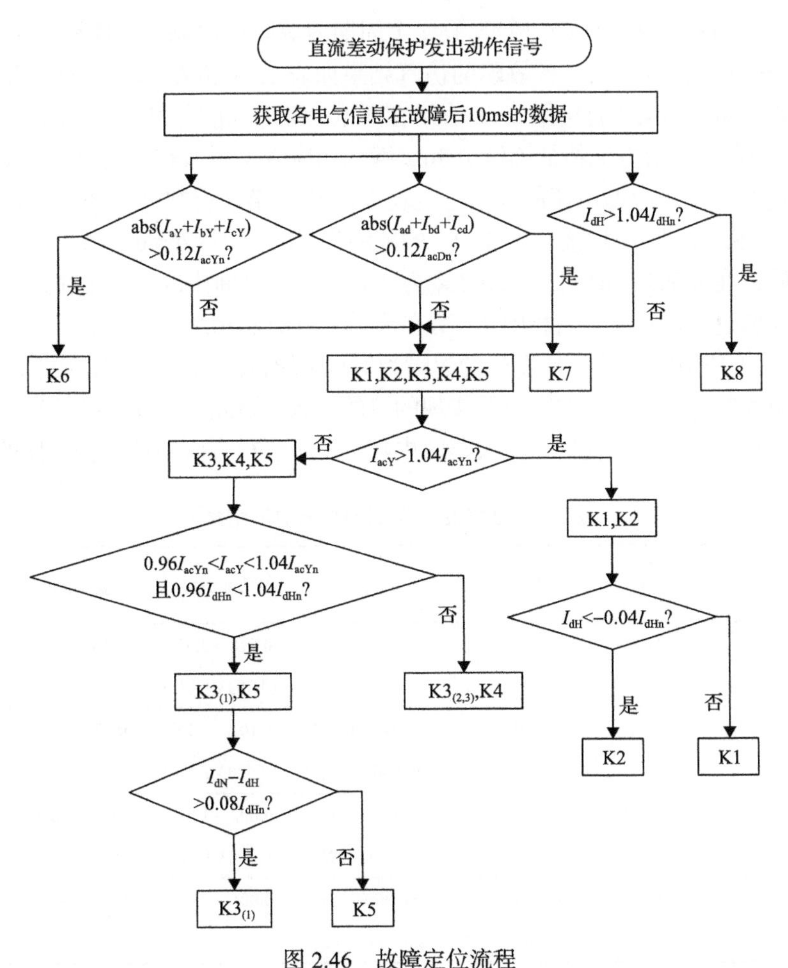

图 2.46　故障定位流程

(4)判断电气信息中是否存在连续 0.3ms 的数据均满足 $I_{acY}>1.04I_{acYn}$，若是，可确定发生的故障为换流器区内高压桥接地故障 K1 或 K2，进入第(5)步；若否，则判定故障为换流器低压桥故障 K3、K4 或 K5，进入第(6)步。

(5)判断电气信息中是否存在连续 0.3ms 的数据均满足 $I_{dH}<-0.04I_{dHn}$，若是，判定发生 K2 故障；若否，判定为 K1 故障。

(6)判断电气信息中是否存在连续 0.3ms 的数据满足 $0.96I_{acYn}<I_{acY}<1.04I_{acYn}$ 且 $0.96I_{dHn}<I_{dH}<1.04I_{dHn}$，若否，判定发生的故障为 K3 或 K4；若是，进入第(7)步以区分出故障 K3 或 K5。

(7)判断电气信息中是否存在连续 0.3ms 的数据均满足 $I_{dN}-I_{dH}>0.08I_{dHn}$，若是，判定发生 K3 故障；若否，判定为 K5 故障。

2.5.3 仿真验证

基于CIGRE标准HVDC模型，在1个周期内等间距地取6个时刻分别对K1～K8 这 8 种故障进行仿真，各故障的仿真结果如表 2.19 和表 2.20 所示。其中每一种故障类型对应的第 1 行结果 a～b 表示在所取故障电气信息中各电流范围，第 2 行结果(t, I)的 t 是指电流特征连续 0.3ms 满足相应判据后所在的时刻，I 表示此时刻下相应判据所对应的电流的大小。由表 2.19 中的第 2 行数据可知，当 0.500s 时发生 K1 故障，I_Y 与 I_D 均接近于 0，I_{dH} 的范围为 0.012～0.976p.u.，故可判断故障为区内故障；在 0.5033s 时刻，出现 I_{acY} 为 1.121p.u.，判断出故障发生在换流器高压桥，继续通过辨识到电气信息中 I_{dH} 所在范围为 0.012～0.976p.u.，即不存在 I_{dH} 小于–0.04p.u.的情况，判断出所发生的故障为 K1。根据表中结果可知，其他故障的仿真结果也和所提故障定位方案所要实现的目的一致。因此，该方案可以准确、快速地定位出在不同时刻下发生在换流器区内与区外可使得直流差动保护动作的故障。

表 2.19 0.500s 故障时的仿真验证结果

故障时刻/s	故障类型	I_Y/p.u.	I_D/p.u.	I_{dH}/p.u.	I_{acY}/p.u.	$I_{dN}-I_{dH}$/p.u.	输出结果
0.500	K1	0	0	0.012～0.976	0.518～3.377	0.165～4.038	K1
		—	—	—	(0.5033,1.121)	—	
	K2	0	0	–0.645～0.974	1.102～3.157	0.186～3.708	K2
		—	—	(0.5030,–0.115)	(0.5003,1.483)	—	
	K3	0	0	0.002～1.003	0.002～1.013	–0.660～6.302	K3
		—	—	(0.5003,0.990)	(0.5003,1.011)	(0.5021,0.462)	
	K4	0	0	0.016～0.956	0.001～0.965	0.165～4.757	K3 或 K4
		—	—	—	—	(0.5003,0.552)	

续表

故障时刻/s	故障类型	I_Y/p.u.	I_D/p.u.	I_{dH}/p.u.	I_{acY}/p.u.	I_{dN}–I_{dH}/p.u.	输出结果
0.500	K5	0	0	0.988～1.011	0.986～1.023	–0.504～–0.493	K5
		—	—	(0.5003,0.990)	(0.5003,1.000)	—	
	K6	0.165～4.037	0	—	—	—	K6
		(0.5003,0.552)	—	—	—	—	
	K7	0	0.011～6.303	—	—	—	K7
		—	(0.5003,0.659)	—	—	—	
	K8	0	0	0.506～2.127	—	—	K8
		—	—	(0.5003,1.492)	—	—	

表 2.20　0.504s 故障时的仿真验证结果

故障时刻/s	故障类型	I_Y/p.u.	I_D/p.u.	I_{dH}/p.u.	I_{acY}/p.u.	I_{dN}–I_{dH}/p.u.	输出结果
0.504	K1	0	0	0.025～0.987	1.201～3.732	0.141～3.734	K1
		—	—	—	(0.5043,1.152)	—	
	K2	0	0	–0.656～0.974	1.113～2.938	0.178～3.581	K2
		—	—	(0.5069,0.086)	(0.5043,1.565)	—	
	K3	0	0	0.017～0.936	0.001～0.955	0.174～4.747	K3 或 K4
		—	—	—	—	(0.5043,0.668)	
	K4	0	0	0.001～0.963	0.001～0.963	0.130～4.985	K3 或 K4
		—	—	—	—	(0.5043,0.665)	
	K5	0	0	0.984～1.011	0.984～1.017	–0.504～–0.491	K5
		—	—	(0.5043,1.010)	(0.5043,1.010)	—	
	K6	0.165～4.037	0	—	—	—	K6
		(0.5043,0.617)	—	—	—	—	
	K7	0	0.173～4.748	—	—	—	K7
		—	(0.5043,0.671)	—	—	—	
	K8	0	0	0.633～2.267	—	—	K8
		—	—	(0.5043,1.528)	—	—	

2.6 本章小结

本章首先介绍了换流器的故障分类与主要故障特征，接着给出了实际工程中的典型保护配置，进而着重分析了换流器主保护中的直流差动保护及后备保护中的直流低电压保护、交流低电压保护、100Hz 保护、阀组差动保护和桥差保护的适应性，得出了现有换流器保护存在的问题。在此基础上，本章提出了换流器后备保护优化与换流器接地故障定位方案。

利用换流母线电压与送端交流线路电流故障分量的余弦值形成整流站区内外故障的识别判据，基于此设计了整流器后备保护优化方案；利用电压前行波和反行波的幅值积分比值设计逆变站区内外故障的识别判据，在此基础上实现了逆变器后备保护的优化。整流器和逆变器(统称为换流器)后备保护优化方案，可总结如下：当判断在换流站区外发生故障时，闭锁可能误动作的换流器后备保护 2.6s 后解锁，可防止保护在区外故障下发生误动作；当判断在换流站区内发生故障时，不闭锁换流器后备保护，保证保护对区内故障响应的速动性和灵敏性。考虑直流差动保护对故障的迅速作用及其对区外故障响应情况，本章提出了送端换流器接地故障定位方案，可实现在直流差动保护动作后，利用故障后 10ms 的电气特征确定换流器故障位置。

参考文献

[1] 中国南方电网超高压输电公司，华南理工大学电力学院. 高压直流输电系统继电保护原理与技术[M]. 北京：中国电力出版社，2013.

[2] 刘磊，林圣，李小鹏，等. 基于电流积分的 HVDC 阀短路故障分类与定位方法[J]. 电力系统自动化，2017, 41(20): 112-117.

[3] 陶瑜. 直流输电控制保护系统分析及应用[M]. 北京：中国电力出版社，2015.

[4] 张海强. 高压直流输电系统换流器保护优化与故障定位研究[D]. 成都：西南交通大学，2020.

[5] 张海强，戴文睿，牟大林，等. 直流输电系统换流站保护适应性分析及优化方案研究[J]. 电力自动化设备，2019, 39(9): 102-108.

3 换流变压器保护

换流变压器是高压直流输电系统的核心设备之一，其连接于交流母线与换流器之间，与换流阀一起实现交流电与直流电的转换。换流变压器的可靠运行对于高压直流输电系统乃至大电网的安全尤为关键。换流变压器的制造技术十分复杂，费用昂贵，一旦损坏，维修费高且耗时长；同时，换流变压器保护的不正确动作会造成直流系统闭锁，引发严重后果。本章首先介绍换流变压器的接线方式与故障类型，给出工程中典型的换流变压器保护配置，并分析主保护的适应性；针对在换相失败、励磁涌流等特殊工况下二次谐波制动导致差动保护拒动的问题，提出基于小波能量熵的换流变压器保护新方案。

3.1 换流变压器的接线方式与典型故障

3.1.1 换流变压器的接线方式

换流变压器的总体结构可分为三相三绕组式、三相双绕组式、单相三绕组式和单相双绕组式。对于结构形式的选取，应综合考虑换流变压器交流侧和直流侧的电压要求、变压器容量、运输条件及换流站布置要求等多方面因素。对于现代大型高压直流输电系统，换流变压器普遍采用单相三绕组式或单相双绕组式，其结构如图 3.1 所示。

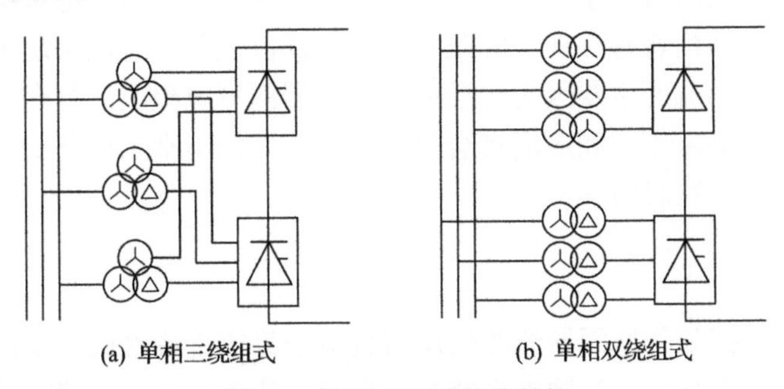

(a) 单相三绕组式　　(b) 单相双绕组式

图 3.1　换流变压器接线结构

3.1.2 换流变压器的典型故障

对于高压直流输电系统采用的单相双绕组或单相三绕组大型自耦变压器而言，可能出现的故障主要包括内部故障和外部故障两大类。内部故障为变压器油箱内发生的各种故障，主要类型包括换流变压器内部相间短路故障、绕组匝间层间短路故障、绕组接地故障等；外部故障为变压器油箱外部绝缘套管及其引出线上发生的各种故障，其主要类型包括换流变压器网侧接地故障、换流变压器阀侧交流连线接地故障、换流变压器引线接地故障、换流变压器引线相间短路故障等。

除了常规短路故障之外，换流变压器自身的运行特点、换流器换相的非线性等使得换流变压器会存在一些非正常运行状态，可能影响直流输电系统的正常运行，甚至引发继电保护误动、拒动等严重后果。

1. *励磁涌流*

换流变压器正常运行时，励磁电流只经过某一侧绕组，大容量变压器的励磁电流一般不超过其额定值的 2%。当发生外部故障时，由于电压的下降，励磁电流会进一步降低，此时励磁电流的影响一般可以不考虑。但在变压器空载合闸或外部故障切除后电压恢复时，由于铁芯中的磁通急剧增大，铁芯磁通瞬间饱和，变压器绕组电感降低，励磁电流会增大到额定电流的 6～8 倍，称为励磁涌流。影响励磁涌流的主要因素包括电源电压、合闸角、剩磁、衰减时间、回路阻抗、变压器容量等。励磁涌流中包含较大的非周期分量和二次谐波分量，同时在一周期内存在间断角；可能导致换流变无法正常投入、甚至引发差动保护不正确动作等严重后果。

2. *和应涌流*

在电网中邻近的并联或串联变压器之间，已经投入的变压器由于其他变压器的合闸可能会产生涌流现象，被称为和应涌流。在高压直流输电系统中，换流变压器并联运行的结构普遍存在，因此并联和应涌流现象在直流系统中表现得较为突出。影响和应涌流的主要因素包括换流变压器网侧电阻、运行变压器二次侧负载、空投换流变剩磁等。和应涌流会给电流互感器的正常工作及变压器后备保护的可靠动作带来不利影响。

3. *直流偏磁*

直流偏磁是指某种原因导致的变压器直流磁势或直流磁通以及由此引起的一系列电磁效应。在高压直流输电系统中，换流变压器产生直流偏磁的原因主要包括：①换流器触发角不平衡；②单极大地回线运行时换流站中性点电位升高；③换流器交流母线上的正序二次谐波电压；④稳态运行时由并行交流线路感应到直流线路上的基频电流；⑤磁暴引起的地磁感应电流等。实际运行数据显示，在我国现有的高压直流输电系统中，换流变压器存在较为普遍的直流偏磁现象。直流偏磁会导致换流变压器局部过热、自身损耗严重，甚至引起继电保护不正确动作。

3.2　现有工程保护配置及适应性分析

3.2.1　换流变压器保护配置

基于电气量的换流变压器保护分为主保护和后备保护，主保护包括比率差动、差动速断、零序比率差动、过励磁保护等；后备保护包括过电流、零序过电流、过电压、零序过电压、饱和保护等。图 3.2 给出了换流变压器典型的保护配置方案示意图。

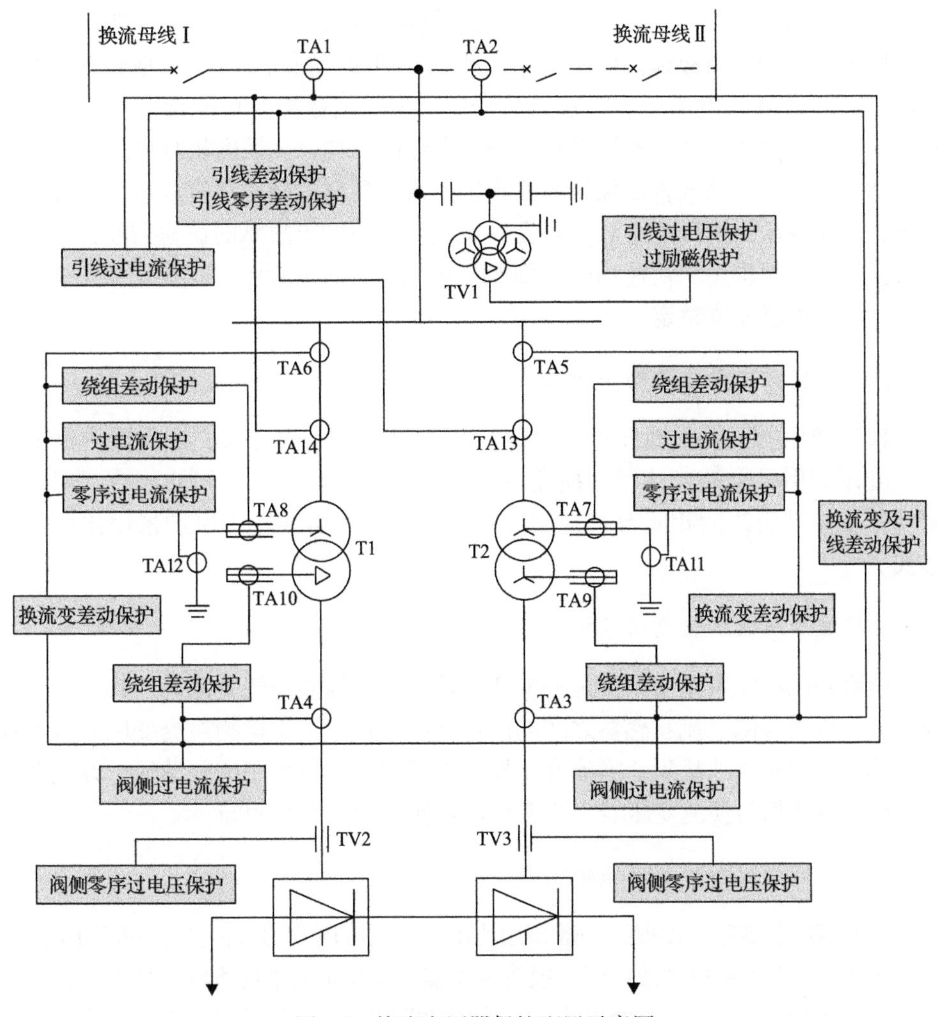

图 3.2　换流变压器保护配置示意图

1. 换流变压器差动保护

换流变压器差动保护主要包括比率制动式差动保护、增量差动式差动保护和差动速断保护。

比率制动式差动保护是换流变压器的主保护，反映换流变压器内部相间短路故障、高压侧单相接地短路故障及匝间层间等短路故障。其对差动电流进行逐相比较，同时启动电流随外部短路电流按比率增大，从而保证外部短路不误动作、内部短路有较高的灵敏度。换流变压器比率制动式差动保护在整定时需要考虑防止励磁涌流的影响，通常采用二次谐波闭锁保护的方式实现；此外，为了防止换流变过励磁引起的保护误动，可引入 5 次谐波闭锁判据。

增量差动式差动保护是换流变压器差动保护的另一种形式，主要用于检测轻微的匝间故障和高阻故障。由于比率制动式差动保护制动电流的选取包含正常负荷电流，因此制动电流较大，在换流变压器发生弱故障时可能延时动作或不动作；而增量差动式差动保护不受正常负荷电流的影响，灵敏度相对更高。

此外，比率制动式差动保护需要识别换流变压器的励磁涌流或过励磁等异常状态，对于变压器内部严重故障存在一定延时，不利于故障的快速切除，因此可配置差动速断保护用于快速切除内部严重故障。差动速断保护的整定值应按避开换流变压器励磁涌流整定。

2. 换流变压器引线差动保护

换流变压器引线差动保护是换流变压器引线故障的主保护，其保护范围为换流变压器引线电流互感器到换流变压器网侧电流互感器之间的区域，用于检测换流变压器引线的相间及接地故障。换流变压器引线差动保护采用比率制动形式。

3. 换流变压器绕组差动保护

换流变压器绕组差动保护是换流变压器内部绕组故障的主保护，其保护范围为换流变压器各侧电流互感器之间的内部绕组区域，用于检测换流变压器各侧绕组内部的相间及接地故障。换流变压器绕组差动保护所采用的差动保护方式及其参数整定方法均与换流变压器引线差动保护所采用的方法相同。

4. 换流变压器零序差动保护

换流变压器零序差动保护一般采用比率制动式零序差动保护，主要应用于换流变压器网侧发生单相接地故障时，换流变压器差动保护灵敏度不够的情况。保护采用自产的零序电流与中性点的电流进行比较的差动原理，保护仅对工频敏感。

5. 换流变压器过电流保护

换流变压器过电流保护作为换流变压器及相邻元件的后备保护而配备，配置于换流变压器的引线、换流变压器的网侧和阀侧，其保护范围包括换流变压器引线和换流变压器，用于检测换流变压器引线上及换流变压器的过电流。换流变压器过流保护分相配置，当任一相电流满足动作条件时，保护即启动。

6. 换流变压器热过负荷保护

换流变压器热过负荷保护用于避免由于过负荷而产生过高的温度对换流变压器和其他相关设备造成的损坏，作为换流变压器的异常运行保护而配备。换流变压器热过负荷保护通过检测流过换流变压器的电流来判断其过载情况，然后延时报警或跳闸。

7. 换流变压器零序电流保护

换流变压器零序电流保护又称为零序过电流保护，为换流变压器及其相邻元件接地故障和相间故障的后备保护，用以检测单相接地或相间短路故障，此保护检测对 D 绕组无效。为了防止变压器空投等原因引起保护误动作，零序电流保护中设置了二次谐波闭锁功能，当零序电流中二次谐波含量大于整定值时闭锁零序保护。

8. 换流变压器热过励磁保护

换流变压器热过励磁保护通过对电压和频率的不间断监测，以防止频率降低或电压升高引起换流变压器铁芯的工作磁通密度过高而过热，进而加速换流变压器的绝缘老化。

9. 换流变压器引线过电压保护

换流变压器引线过电压保护用于检测换流变压器连接线及换流变压器的电压，防止严重的持续过电压造成换流变压器和换流阀桥臂故障。换流变压器引线过电压保护检测 3 个线电压，其中任一线电压大于整定值，保护即动作。

10. 换流变压器中性点偏移保护

换流变压器中性点偏移保护又称作换流变压器零序电压保护，用于检测阀闭锁状态下换流变压器阀侧交流导线的接地故障。该保护只适用于换流器闭锁的情况下，当换流器解锁时，该保护必须退出。

11. 换流变压器断路器失灵保护

换流变压器断路器失灵保护采用电流信号和断路器跳闸命令信号，用以判别断路器是否发生故障。保护在断路器跳闸命令发出后的一定延时时间(保证正常情况下断路器完全断开)内，判别是否还有电流信号存在，如果还存在电流信号，则认为发生了断路器失灵故障。

12. 换流变压器本体保护

换流变压器本体保护属非电气量保护，用于反映换流变压器的本体故障，本体保护开启信号包括瓦斯信号、油温、压力、绕组温度、冷却器全停、SF_6、气体检测等。

3.2.2 换流变压器差动保护二次谐波制动适应性分析

为防止励磁涌流引发换流变压器差动保护误动，通常需要采用二次谐波制动判据。换流变压器空投时，有一相的励磁涌流中含有大量的 2 次谐波，通过检测差动电流中的 2 次谐波含量可以识别励磁涌流，判据如下：

$$I_{\text{op2}} > K_2 \cdot I_{\text{op1}} \tag{3-1}$$

式中，I_{op2}为差动电流中的 2 次谐波；I_{op1}为差动电流中的基波；K_2为 2 次谐波系数。若判据满足，差动保护将闭锁。

然而现有研究表明，除励磁涌流之外，在高压直流输电系统换相失败及直流偏磁等特殊工况下，系统也会产生大量的谐波分量；同时，由于电力电子器件非线性的影响，存在的谐波分量具有含量复杂、衰减缓慢等特点。

因此，若在直流偏磁情况下刚好发生区内故障，差动电流中的 2 次谐波可能导致差动保护拒动；同样，若区内故障发生于系统换相失败期间，差动保护也可能会因为谐波含量过高且不易衰减而长时间闭锁。

3.3 基于小波能量熵的换流变压器差动保护方案

针对二次谐波制动导致换流变压器差动保护拒动的问题，本节从故障分量入手分析变压器区内外故障的特点，利用小波能量熵表征变压器一、二次侧电流方向的相对变化情况，并以一、二次侧电流小波能量熵的比值构建新的差动保护判据，形成新的差动保护方案，实现各工况下区内故障的准确识别[1,2]。

3.3.1 故障分量电流方向特征分析

以单相变压器为例，图 3.3 为其故障分量网络。图中，Z_{1s}和 Z_{2s}为变压器端口的系统等效阻抗；Z_1 和 Z_2 为变压器的漏阻抗；Z_M 为变压器励磁阻抗；ΔU_1 和 ΔU_2 为故障分量电压；ΔI_1 和 ΔI_2 为故障分量电流。规定正方向始终从一次侧流向二次侧，故障分量电压、电流之间的关系可以表示为

$$\Delta I_1 = \frac{\Delta U_1}{Z_1 + Z_M \| (Z_2 + Z_{2s})} \tag{3-2}$$

$$\Delta I_2 = \frac{\Delta U_2}{Z_{2s}} \tag{3-3}$$

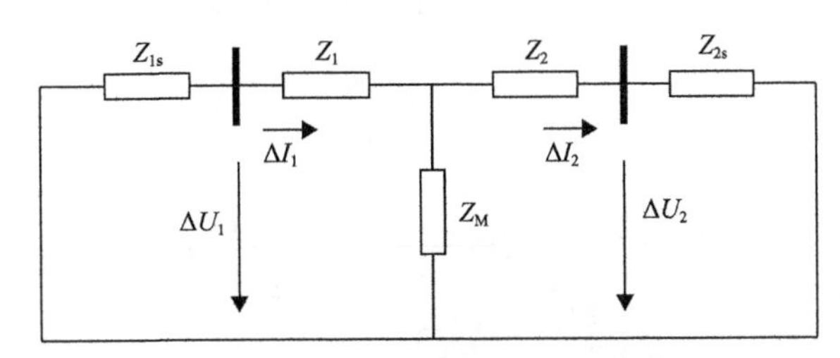

图 3.3　单相变压器故障分量网络

1. 区内故障

换流变压器区内故障时的故障分量网络如图 3.4 所示，其中，U_f 表示故障电压；下标“i”表示区内故障时各对应变量。故障分量电压、电流之间的关系可以表示为

$$\Delta I_{1i} = -\frac{\Delta U_{1i}}{Z_{1s}} \tag{3-4}$$

$$\Delta I_{2i} = \frac{\Delta U_{2i}}{Z_{2s}} \tag{3-5}$$

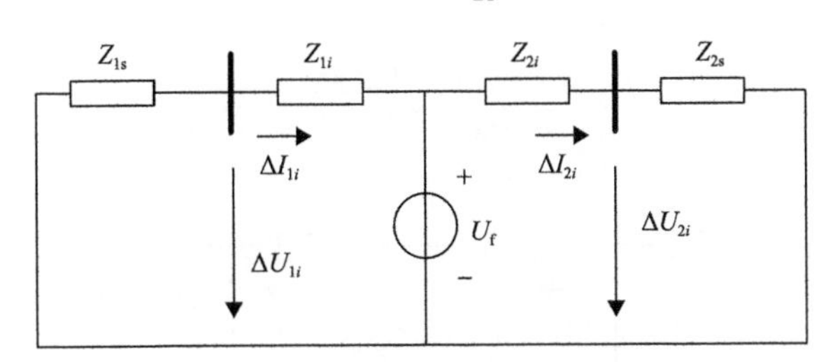

图 3.4　区内故障时的故障分量网络

对比区内故障前后一、二次侧故障分量电流表达式可知：区内故障发生之后，一次侧故障分量电流方向发生了变化，二次侧故障分量电流方向保持原方向

不变，变压器一、二次侧故障分量电流方向变化趋势不同。

2. 区外故障

当换流变压器一次侧区外发生故障时，其故障分量网络如图 3.5 所示。类似的，图中下标“e”表示区外故障时各对应变量。故障分量电压、电流之间的关系可以表示为

$$\Delta I_{1e}=\frac{\Delta U_{1e}}{Z_{1e}+Z_{M}\parallel(Z_{2e}+Z_{2s})} \tag{3-6}$$

$$\Delta I_{2e}=\frac{\Delta U_{2e}}{Z_{2s}} \tag{3-7}$$

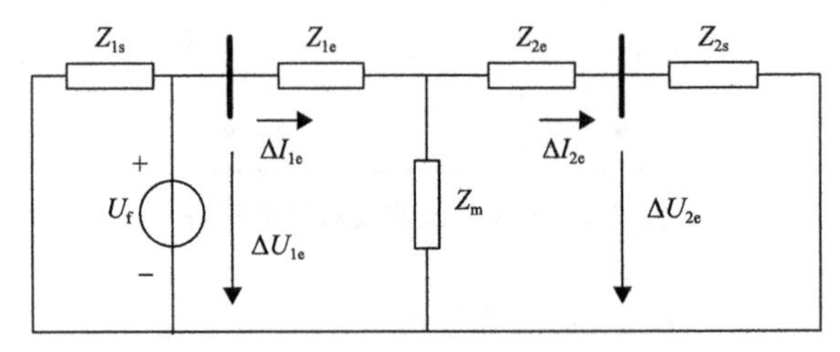

图 3.5　区外故障时的故障分量网络(故障发生在一次侧)

对比以上区外故障前后一、二次侧故障分量电流表达式可知，故障后一、二次侧故障分量电流方向均未发生变化。即区外故障发生后，一、二次侧故障分量电流方向变化趋势相同。

同理可知，当区外故障发生在二次侧时，其故障分量网络如图 3.6 所示。故障分量电压、电流之间的关系可以表示为

$$\Delta I_{1e}=-\frac{\Delta U_{1e}}{Z_{1s}} \tag{3-8}$$

$$\Delta I_{2e}=-\frac{\Delta U_{2e}}{Z_{2e}+Z_{M}\parallel(Z_{1e}+Z_{1s})} \tag{3-9}$$

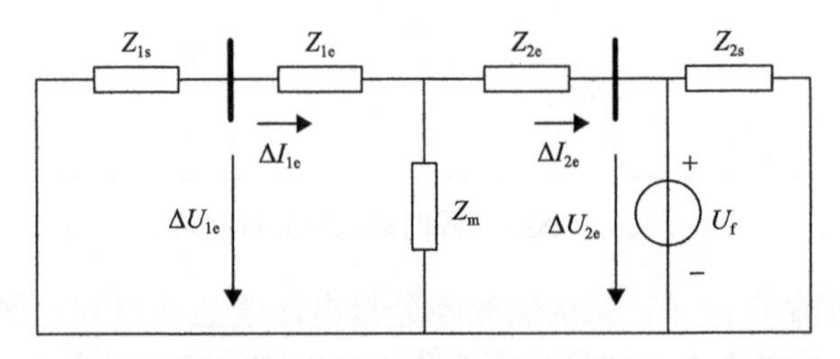

图 3.6　区外故障时的故障分量网络(故障发生在二次侧)

此时，一、二次侧故障电流方向都与故障前故障电流方向相反，两者皆反向。即区外故障时，一、二次侧故障电流方向变化趋势相同。

3. 换相失败、励磁涌流及直流偏磁情况

当励磁涌流发生时，变压器等效电路图可认为是在变压器母线处附加了故障分量电压源[3]，如图 3.7 所示。此时，故障分量电压、电流之间的关系可以表示为

$$\Delta I_1' = \frac{\Delta U_1'}{Z_{1e} + Z_M' \parallel Z_{2s}} \tag{3-10}$$

$$\Delta I_1' = \frac{\Delta U_2'}{Z_{2s}} \tag{3-11}$$

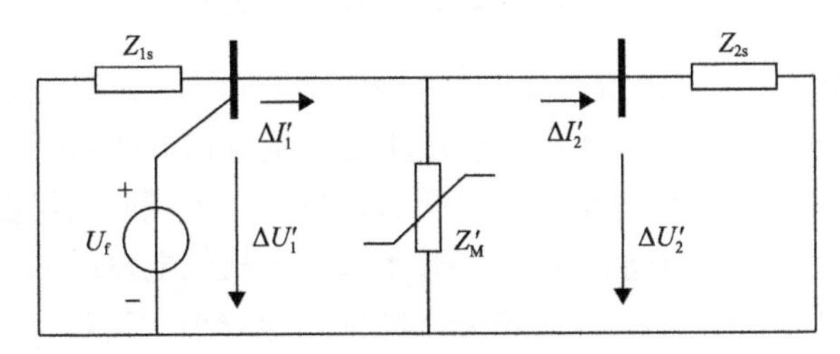

图 3.7　励磁涌流时的故障分量网络

由上式可以看出，与区外故障相同，当励磁涌流发生时，一、二次侧故障电流方向与故障前方向保持一致，两者变化趋势相同。由于换相失败或直流偏磁发生时与励磁涌流等效电路图相同，都相当于在变压器母线上加入附加电源，因此当换相失败时，一、二次侧故障分量电流方向变化趋势一致。此处不再单独进行分析讨论。

4. 故障分量电流方向特征

对比不同工况下故障分量电流方向的变化情况可得出以下结论：当且仅当换流变压器发生区内故障时，故障前后一次侧故障分量电流方向发生变化，二次侧故障分量电流方向不变，一、二次侧故障分量电流方向变化趋势不同。而对于区外故障、励磁涌流、换相失败等非区内故障情况，一、二次侧故障分量电流方向前后不发生变化，即一、二次侧故障分量电流方向变化趋势相同。

如图 3.8 所示，ΔI_m 和 ΔI_n 分别为故障瞬间电流方向反向、不变时的电流增量变化示意图。从图中可以看出，故障瞬间若电流方向反向，故障前后电流差值较大，若故障瞬间电流方向保持不变，则故障前后电流差值较小。因此，电流方向发生变化后，故障分量电流的幅值大于电流未发生变化时故障分量电流的幅值，即 $|\Delta I_m| > |\Delta I_n|$。从能量的角度上来看，前者能量变化更大，后者能量变化相对较

小。因此，当一、二次侧故障分量电流变化趋势相同，两者能量变化情况相同或相似，即换流变压器区内故障时，一、二次侧故障电流能量变化情况存在较大差异，而其余各种情况下，一、二次侧故障电流能量变化情况基本一致。

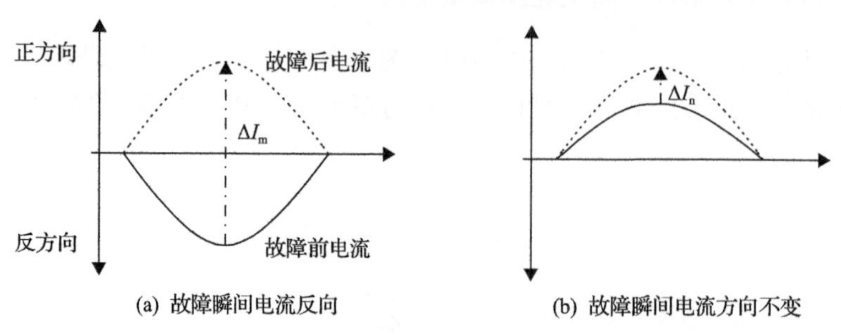

(a) 故障瞬间电流反向　　(b) 故障瞬间电流方向不变

图 3.8　故障瞬间故障分量电流增量大小示意图

小波能量熵能够从能量角度反应信号无序/有序程度，即信号能量谱在不同时间尺度下的分布特征[4]，因此本节利用小波能量熵提取故障特征。当换流变压器发生区内故障时，一次侧电流故障分量方向反向，不同时间尺度下，能量谱分布特征差异大，其对应小波能量熵为一较大值；二次侧电流故障分量方向未发生相对变化，不同时间尺度下，能量谱分布特征差异较小，其对应小波能量熵为一较小值。两侧能量熵存在相对差异。其余各种工况，一、二次侧故障电流方向保持一致，二者小波能量熵计算值相当。因此，可利用一、二次侧故障电流小波能量熵比值作为保护判据。

3.3.2　保护判据及差动保护新方案

1. 小波变换及小波能量熵

小波变换因其突出的奇异值检测性能而广泛应用于电力系统故障信号的分析当中[5]。原始信号 $f(t)$ 在不同分解层的高频系数可表示为

$$\mathrm{d}(j,k)=\left\langle \psi_{j,k} \mid f \right\rangle = \int f(t)\cdot \psi_{j,k}\mathrm{d}t \tag{3-12}$$

式中，$\psi_{j,k}$表示小波函数，参数 j 控制时间尺度及幅度上的伸展与压缩，参数 k 控制时间尺度上的位移。

母小波的合理选择对故障特征的提取具有重要意义，主要以母小波与故障信号的相似性作为判断依据。Daubechies (db) 小波家族被认为是最适合电力系统暂态分析的母小波之一，因此主要考虑从 db 家族中选择相对合适的母小波。对 db1 到 db10 小波进行了考察，利用不同母小波提取故障信号小波模极大值，根据小波模极大值判断母小波是否适合提取故障信号，最终选用“db3”作为母小

波获取故障分量电流的高频系数。

根据获取的高频系数 $\mathrm{d}(j,k)$，定义信号在尺度 j 下的能量为

$$E_j = \mathrm{d}(j,k)^2 \tag{3-13}$$

则特定时间窗内信号总能量为

$$E_{ij} = \sum_i E_j \tag{3-14}$$

某尺度下信号能量与对应时间窗内总能量的比值可表示为

$$P_j = \frac{E_j}{E_{ij}} \tag{3-15}$$

基于上式，定义小波能量熵为[6]

$$\mathrm{Wee} = -\sum_{j=1}^{m+1} P_j \log P_j \tag{3-16}$$

式中，m 对应第 m 个分解尺度。

2. 基于小波能量熵的换流变压器差动保护新判据

保护判据基于一、二次侧各相电流故障分量计算对应的小波能量熵，利用一、二次侧小波能量熵比值表征故障特征，并构建差动波保护判据。用 Wee_{p1} 和 Wee_{p2} 分别表示一次侧和二次侧的各相小波能量熵计算值，其中 p 可取 A、B 或 C，对应电压的三相。

当换流变压器区内发生故障时，故障瞬间一次侧故障分量电流方向发生相对变化，故障相对应小波能量熵值相对较大，二次侧故障分量电流方向保持不变，二次侧各相对应的小波能量熵值相对较小。因此，一、二次侧故障相对应小波能量熵之间存在明显差异，即 $\mathrm{Wee}_{p1} \gg \mathrm{Wee}_{p2}$，两者比值较大。

当换流变压器正常运行或处于区外故障、励磁涌流、换相失败及直流偏磁等非区内故障工况时，一、二次侧故障分量电流方向保持原方向不变或变化方向相同，一、二次侧各相对应小波能量熵值大致相同，存在 $\mathrm{Wee}_{p1} \approx \mathrm{Wee}_{p2}$，两者比值近似于 1。

基于此，利用一、二次侧小波能量熵比值构建保护判据，以区分换流变压器区内故障与其他非区内故障等工况。一、二次侧对应各相小波能量熵比值定义如下：

$$R_{\text{WeeA}} = \frac{\text{Wee}_{\text{A1}}}{\text{Wee}_{\text{A2}}} \tag{3-17}$$

$$R_{\text{WeeB}} = \frac{\text{Wee}_{\text{B1}}}{\text{Wee}_{\text{B2}}} \tag{3-18}$$

$$R_{\text{WeeC}} = \frac{\text{Wee}_{\text{C1}}}{\text{Wee}_{\text{C2}}} \tag{3-19}$$

进一步定义综合小波能量熵比

$$R_{\text{Wee}} = \max\{R_{\text{WeeA}}, R_{\text{WeeB}}, R_{\text{WeeC}}\} \tag{3-20}$$

为确保判据的可靠性，取 10ms 内最大综合小波能量熵比作为判断依据，标记为 $\max\{R_{\text{wee}}\}$。定义换流变压器差动保护新判据为

$$\begin{cases} \max\{R_{\text{Wee}}\} > \xi, & \text{区内故障} \\ \max\{R_{\text{Wee}}\} < \xi, & \text{非区内故障} \end{cases} \tag{3-21}$$

一般来说，非区内故障工况下，存在 $\text{Wee}_{p1} \approx \text{Wee}_{p2}$，即 $\max\{R_{\text{Wee}}\}$取值约为 1。但由于测量误差及测量环境的非理想性，非区内故障工况下 R_{Wee} 并非严格等于 1，而是接近于 1 的一个数值。换流变区内故障时，其比值较大，考虑噪声干扰等情况，结合大量仿真研究，ξ取值可选择为 5。

3. 换流变压器差动保护方案

上述判据能够准确区分区内、非区内故障状态，但无法判定系统正常状态及励磁涌流状态。为提高差动保护的可靠性，可结合所提判据及传统差动保护方案，构造新的差动保护方案，其逻辑框图如图 3.9 所示。其中，A 和 B 代表逻辑输出，其值对应于 0 或 1。“0”表示不满足动作条件；“1”表示满足动作条件。输出结果如表 3.1 所示。表中，TDP 表示传统差动保护算法（traditional differential protection），TNC 表示差动保护新判据（new differential protection criterion）。

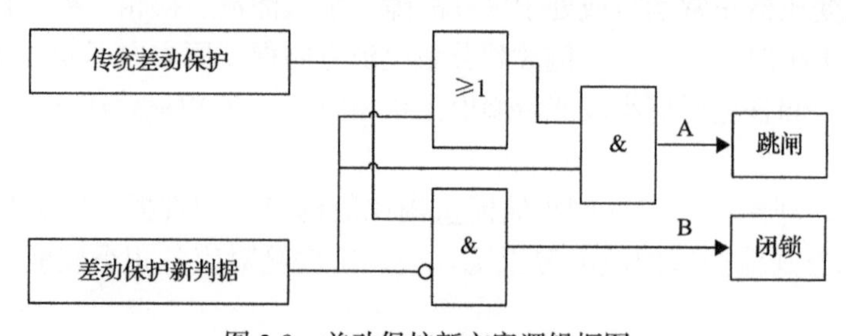

图 3.9　差动保护新方案逻辑框图

表 3.1 逻辑判断结果

	输入		逻辑计算		输出信号
	TDP	TNC	A	B	
输出值	1	1	1	0	跳闸
	0	1	1	0	跳闸
	1	0	0	1	闭锁
	0	0	0	0	不动作

当 TDP 及 TNC 输出都为 1 时，意味着区内发生故障，因此输出保护跳闸信号；当 TDP 输出为 0，但 TNC 输出为 1 时，说明励磁涌流或直流偏磁等情况下发生了区内故障，或变压器空载合闸于区内故障，因此输出保护跳闸信号；当 TDP 输出为 1，但 TNC 为输出 0 时，意味着没有发生区内故障，但发生了励磁涌流或者直流偏磁等情况，因此保护闭锁。以上结果是因为 TNC 的输出结果由故障分量电流方向的相对变化所决定，而 TDP 的输出结果取决于一、二次侧的电流之和。当且仅当换流变发生区内故障时，一次侧电流故障分量方向发生变化，但是除了内部故障发生以外，还存在其他多种因素例如 CT 饱和等会导致电流幅值发生差异性变化。如果 TDP 和 TNC 输出都为 0，则表示没有故障或干扰工况发生，换流变压器正常运行，因此不输出任何信号。

简而言之，所提保护判据能够避免励磁涌流、换相失败等非区内故障工况下，传统保护的误动情况，提升了换流变压器差动保护的可靠性。

3.3.3 仿真验证

为验证所提保护判据的有效性，基于 PSCAD/EMTDC 平台中的 CIGRE 高压直流输电基准模型进行仿真分析。仿真采用三相双绕组变压器模型，两个换流变压器中，一个为 YN/Y 联结，另一个为 YN/D 联结。变压器容量为 846MV·A，漏抗为 0.19p.u.。正常运行时，系统整流侧采用定电流控制，并包含低压限流环节，逆变侧采用定熄弧角控制；模型中的所有控制均采用 PI 控制器；系统工频为 50Hz，采样频率选取 2.4kHz。

1. 区内外故障算例分析

图 3.10 为换流变压器区内 A 相故障时，一、二次侧各相小波能量熵在故障后 2ms 内的计算结果。其中，X 轴表示对应的时间(0ms 时刻对应于故障发生时刻)，Y 轴表示小波能量熵的计算值。

由图 3.10 可知，A 相一、二次侧的小波能量熵出现明显差异，而 B、C 两相一、二次侧的小波能量熵值始终相等。这是因为 A 相是故障相，其一次侧故障分量电流方向发生了相对变化；而 B、C 两相为非故障相，两侧故障分量电流方向并未发生相对变化。

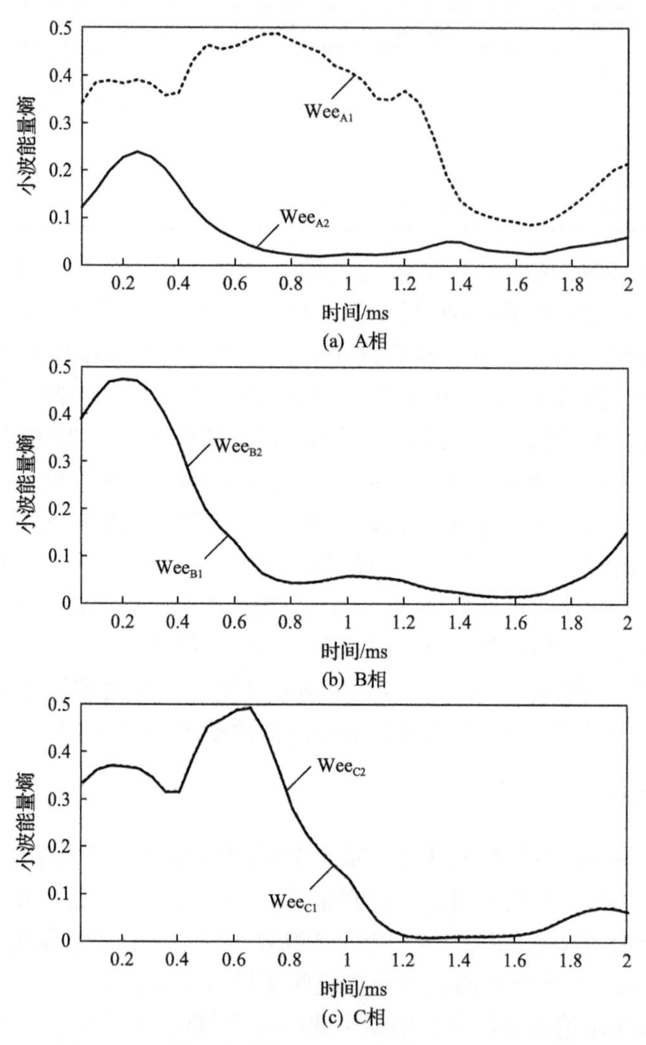

图 3.10　A 相区内故障时一、二次侧各相小波能量熵

表 3.2 为不同故障条件下 TNC 的输出结果。由表 3.2 可知，发生区内故障时，故障相输出的小波能量熵比值最大，在 ABC 三相故障下，$\max\{R_{\mathrm{Wee}}\}$为 151.0206，远远超过阈值，保护正确动作；而非故障相输出的小波能量熵比值基本趋近于 1。同样，区外故障时，三相对应求解的小波能量熵比值均趋近于 1，最大小波能量熵比值为 1.1221。由此可见，基于小波能量熵的差动保护新判据能正确的辨识区内、外故障。

表 3.2 区内外故障下 TNC 的输出结果

故障类型		$\max\{R_{WeeA}\}$	$\max\{R_{WeeB}\}$	$\max\{R_{WeeC}\}$	TNC 输出
区内故障	AG	93.6861	1.2166	1.1566	1
	ABG	8.2196	62.3607	1.1066	1
	AB	35.3779	59.5933	1.0298	1
	ABC	151.0206	31.3467	27.615	1
区外故障	AG	1.0188	1.0120	1.0435	0
	ABG	1.0186	1.0298	1.0799	0
	AB	1.0483	1.0782	1.0891	0
	ABC	1.0495	1.0849	1.1221	0

2. 换相失败及励磁涌流对判据的影响分析

图 3.11 为换相失败工况下一、二次侧各相小波能量熵计算结果。虽然各相对应的一、二次侧小波能量熵并非完全相等，如图 3.11(b)中，0.2～1.3ms 期间，Wee_{B2} 稍大于 Wee_{B1}，但两者总体变化趋势保持一致。计算结果显示，此时最大综合小波熵比值 $\max\{R_{Wee}\}$为 1.5739，不会导致保护动作。

表 3.3 为励磁涌流工况下的 TNC 输出结果，表中所有工况皆为空载合闸，由表 3.3 可知，当换流变空载合闸时，三相小波能量熵比值均接近于 1。

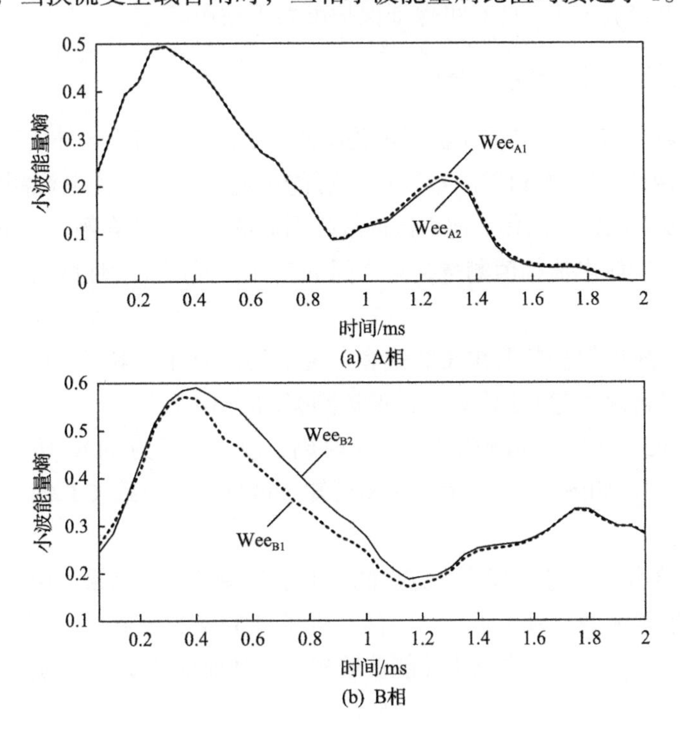

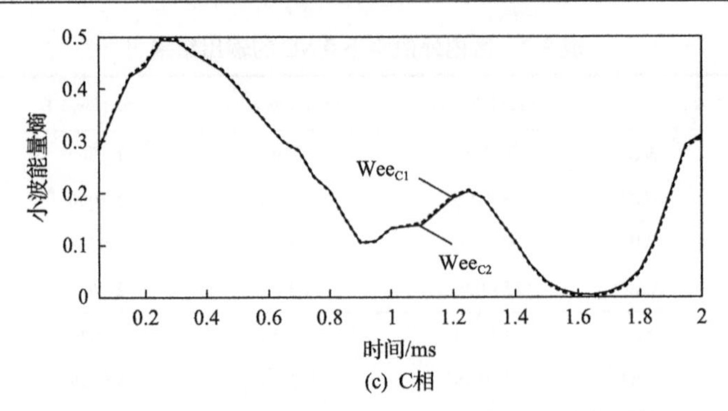

(c) C相

图 3.11　换相失败工况下一、二次侧各相小波能量熵

表 3.3　励磁涌流工况下 TNC 输出结果

合闸角	$\max\{R_{WeeA}\}$	$\max\{R_{WeeB}\}$	$\max\{R_{WeeC}\}$	合闸角	$\max\{R_{WeeA}\}$	$\max\{R_{WeeB}\}$	$\max\{R_{WeeC}\}$
0°	1.2185	1.1505	1.4806	75°	1.4955	1.2072	1.3178
30°	1.6172	1.0574	1.5817	90°	1.4247	1.179	1.4584
45°	1.6019	1.2883	1.2602	120°	1.3277	1.2045	1.4472
60°	1.1596	1.2348	1.2714	135°	1.6112	1.1093	1.1739

由此可见，当仅有换相失败或励磁涌流发生时，三相一、二次侧小波能量熵相近，其比值接近于 1，TNC 可保证保护可靠不动作。

3. CT 饱和对判据的影响分析

近几年来，CT 饱和是变压器保护关注的重点之一，若当区外故障引起变压器饱和，由于两侧 CT 饱和程度不同极有可能引起一、二次侧电流测量值出现差异，从而触发差动保护动作。而由区内故障引起的 CT 饱和案例中，由于 CT 饱和增加了一、二次侧电流幅值测量结果之间的差异，反而能确保区内故障时，差动保护动作。

为了验证所提保护判据在 CT 饱和工况下的适应性，本节重点探讨区外故障和励磁涌流等情况引起 CT 饱和时，保护判据的输出结果。

假设 ABC 三相区外故障发生于 1s 时刻，故障电阻为 5Ω，仿真得到的一次侧 A 相电流波形如图 3.12 所示。由图可知，区外故障导致 CT 饱和，测量信号发生了畸变。

图 3.13 给出了对应 A 相一、二次侧小波能量熵的计算结果。由图可知，一、二次侧小波能量熵曲线基本重合，虽然发生了 CT 饱和现象，但故障分量电流方向并不会被改变，一、二次侧小波能量熵相近，从而保证 TNC 正确不动作。

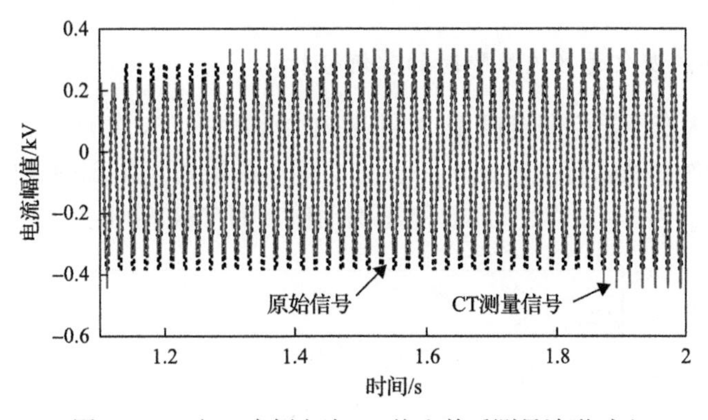

图 3.12　A 相一次侧电流 CT 饱和前后测量波形对比

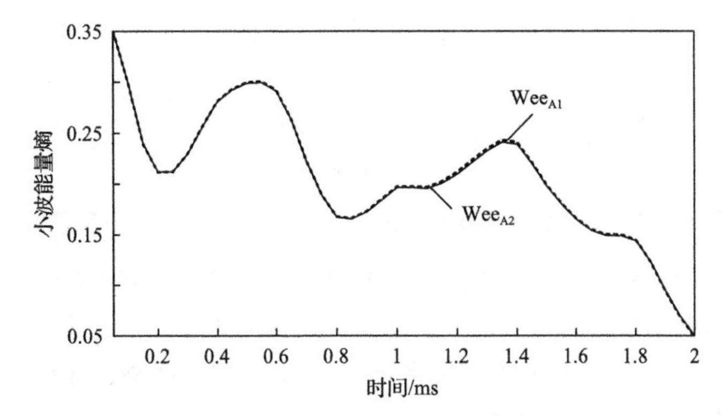

图 3.13　CT 饱和下 A 相一、二次侧小波能量熵

图 3.14 给出了励磁涌流导致 CT 饱和的情况下，三相小波能量熵比值的结果。从图中可以看出，10ms 内三相小波能量熵比值的最大值为 1.687，小于设定的阈值 5，因此不会发出故障信号，TNC 可以正确不动作。

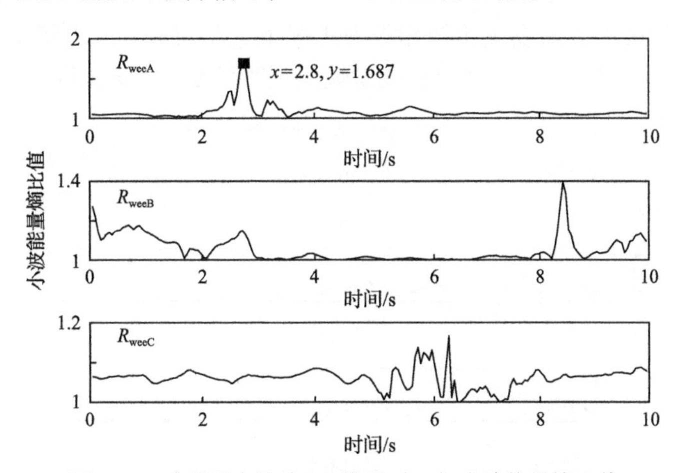

图 3.14　励磁涌流导致 CT 饱和时三相小波能量熵比值

4. 励磁涌流发生于区内故障时的算例分析

图 3.15 为变压器空载合闸于 A 相区内故障时一、二次侧小波能量熵，合闸角为 0°。从图中可以看出，此时一、二次侧小波能量熵出现明显的差异，该工况下 $\max\{R_{\mathrm{Wee}}\}$ 为 147.2172，TNC 能正确动作，即 TNC 输出为 1。

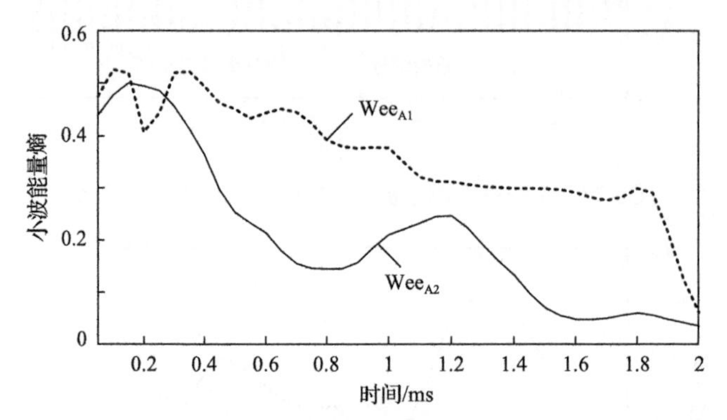

图 3.15　变压器空载合闸于 A 相区内故障时一、二次侧小波能量熵

图 3.16 对应该工况下的差动电流及其 2 次谐波含量测量结果。从图中可知，此时差动电流基本为 0，传统差动保护判据无法满足。此外，由于此时差动电流中 2 次谐波含量高于 15%，也将导致 TDP 长时间闭锁，保护无法动作，即 TDP 输出为 0。

从表 3.1 所示逻辑判断结果表可知，此时整个差动保护方案输出跳闸信号，即能正确动作。

5. 区内故障发生于换相失败情况下的算例分析

假设 A 相区内故障发生于换相失败工况下，A 相一、二次侧小波能量熵如图 3.17 所示。此时一、二次侧小波能量熵呈现明显差异，该工况下 $\max\{R_{\mathrm{Wee}}\}$ 为

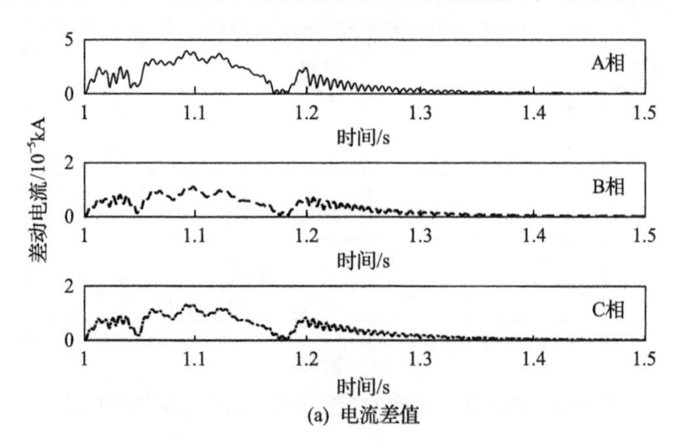

(a) 电流差值

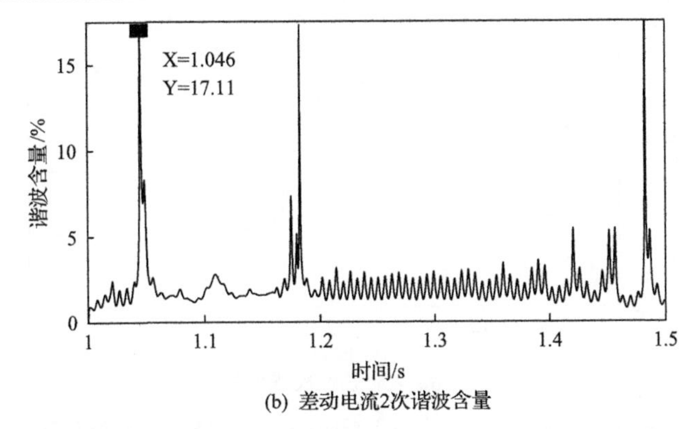

(b) 差动电流2次谐波含量

图 3.16　变压器空载合闸于区内 A 相故障时一、二次侧电流差值及其 2 次谐波含量

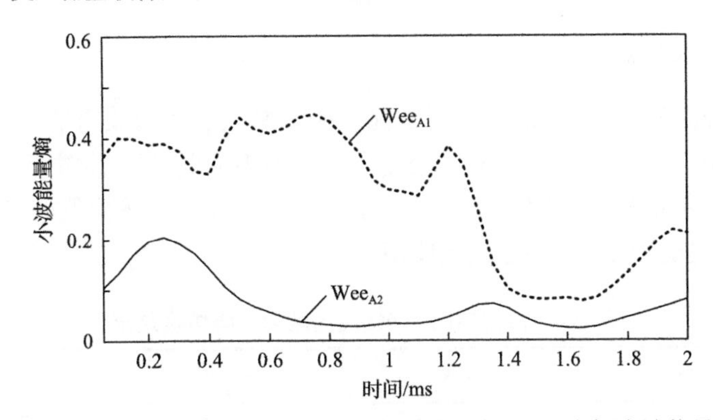

图 3.17　区内 A 相故障发生于换相失败工况时一、二次侧小波能量熵

158.8241，TNC 能正确动作。

图 3.18 对应该工况下的差动电流及其 2 次谐波含量测量结果。从图中可知，虽然此时差动电流满足传统差动保护跳闸的要求，但 2 次谐波远超 20%，甚至达到 40%，导致 TDP 被长时间闭锁，保护无法动作。但依据表 3.1 所示的逻辑判断结果，保护也能正确动作。

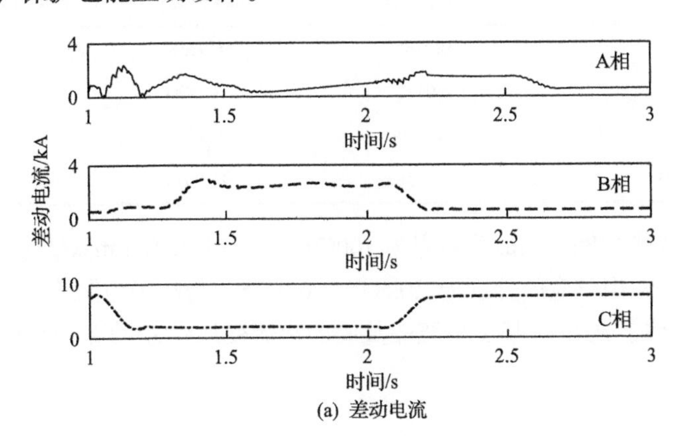

(a) 差动电流

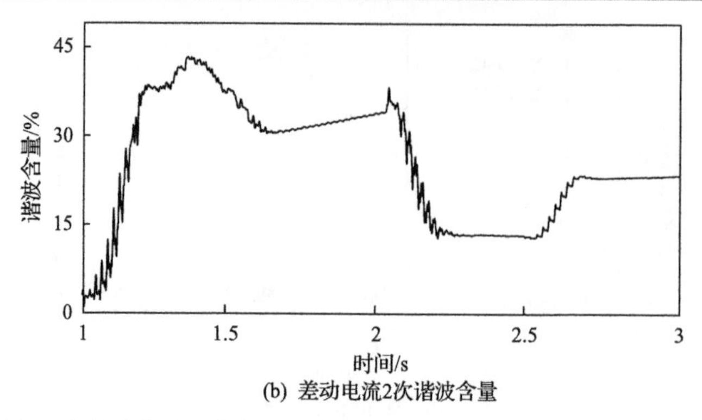

(b) 差动电流2次谐波含量

图 3.18 区内 A 相故障发生于换相失败工况时一、二次侧电流差值及其 2 次谐波含量

6. 故障电阻的影响分析

表 3.4 和表 3.5 为不同故障电阻工况下换流变压器区内故障情况的 $\max\{R_{\text{Wee}}\}$ 输出结果。由表可知，同一种故障类型下，故障电阻越小，其对应的 $\max\{R_{\text{Wee}}\}$ 输出越大。但不论故障电阻大小如何，正常相的小波能量熵比值始终保持在 1 左右，故而障相比值较大，超过设定阈值。

表 3.4 故障电阻为 0Ω 时的区内故障仿真结果

故障类型	$\max\{R_{\text{WeeA}}\}$	$\max\{R_{\text{WeeB}}\}$	$\max\{R_{\text{WeeC}}\}$
ABG	16.9232	88.5308	1.3297
AB	16.7813	86.7619	1.1703
ABC	112.9402	34.9475	37.8684
ABCG	57.5751	7.8501	39.2626

表 3.5 故障电阻为 100Ω 时的区内故障仿真结果

故障类型	$\max\{R_{\text{WeeA}}\}$	$\max\{R_{\text{WeeB}}\}$	$\max\{R_{\text{WeeC}}\}$
ABG	10.5008	6.0338	1.0193
AB	6.9182	19.0441	1.1003
ABC	54.5389	45.0922	5.9042
ABCG	8.7636	16.9917	10.5026

以 ABG 故障为例，当故障电阻为 100Ω 时，C 相对应的 $\max\{R_{\text{WeeC}}\}$ 为 1.0193，而故障 A 相、B 相对应值分别为 10.5008、6.0338，与故障电阻为 0Ω 时相比，保护输出结果一致。可见，基于小波能量熵的换流变压器差动保护判据不受故障电阻的影响。

7. 噪声的影响分析

噪声对小波变换的干扰是其应用过程中需要考虑的因素之一。为验证算法的抗噪性能，在信噪比(ratio of signal to noisy，SNR)为35～45dB的范围对保护判据的可靠性进行仿真验证。

表3.6为在不同噪声环境下，换流变压器正常运行以及其他非区内故障工况运行时max{R_{Wee}}的输出结果。从表中可以看出，max{R_{Wee}}在噪声环境下的输出值有一定增加，无噪声时非区内故障下max{R_{Wee}}的输出值基本保持在1～2，而在噪声环境下，max{R_{Wee}}的输出值可能超过2，但仍保持在阈值范围内，不会引起保护误动作。

表3.6 不同噪声环境下所提判据的仿真结果(非区内故障工况)

SNR/dB	不同工况下的max{R_{Wee}}				
	正常工况	励磁涌流	换相失败	区外故障	CT饱和
35	2.0292	2.7288	1.8718	2.4912	3.431
40	1.7742	2.3339	1.8938	1.7543	2.8793
45	1.5480	2.4271	1.5963	1.9582	2.2304

表3.7为不同噪声环境下，换流变压器发生区内故障时max{R_{Wee}}的输出结果，其中“换相失败”表示区内故障发生于换相失败情况下，“励磁涌流”表示换流变压器空载合闸于区内故障情况下。从表中可以看出，相较于非噪声环境下，max{R_{Wee}}有一定减小，但其输出值仍可超过设定阈值，从而保证区内故障时保护发出跳闸信号。

表3.7 不同噪声环境下所提判据的仿真结果(区内故障工况)

SNR/dB	不同工况下的max{R_{Wee}}					
	区内AG	区内ABG	区内AB	区内ABC	换相失败	励磁涌流
35	19.5726	10.6073	13.0206	13.1002	26.8235	8.3004
40	22.9434	11.6688	12.5058	29.4821	17.9246	26.8552
45	21.1451	11.2152	14.4483	28.4962	28.2319	36.8903

综上所述，虽然噪声对max{R_{Wee}}输出结果有一定影响，但不会影响判据结果，保护可以保证在非区内故障时可靠不动作，同时也能确保在区内故障时可靠动作。

8. 算法对比小结

下面就TDP与TNC在不同工况下的输出结果做简要对比，其对比结果如

表 3.8 所示。表中“○”表示判断正确，“×”表示判断错误。故障类型可分为两类，一类是区内故障，包括空载合闸于区内故障以及换相失败期间发生区内故障，在该类工况下保护应准确动作；另一类为干扰情况，包括区外故障、换相失败、空载合闸以及这三种工况导致 CT 饱和的情况，在该类工况下，保护应该不动作。从表中可以看出，对于绝大多数仿真算例 TNC 能够正确判断，适应性优于传统 TDP 判据。

表 3.8 TDP 与 TNC 对比结果

故障类型	TDP	TNC	故障类型	TDP	TNC
换相失败	○	○	区外故障导致 CT 饱和	×	○
区外故障	○	○	区内故障	○	○
空载合闸	○	○	空载合闸于区内故障	×	○
空载合闸导致 CT 饱和	×	○	换相失败情况下发生区内故障	×	○
换相失败导致 CT 饱和	×	○			

3.4 本章小结

本章简述高压直流输电系统换流变压器的基本故障类型及非正常运行状态，分析实际换流变压器保护配置，指出在换相失败、励磁涌流等特殊工况下系统谐波含量增加，可能导致传统差动保护在区内故障下无法正确动作。为此，研究基于小波能量熵的换流变压器保护新判据，提出新的差动保护方案，利用“区内故障时，一次侧故障分量电流方向改变，二次侧方向不变，二者变化趋势不同；其余情况一、二次侧故障分量电流方向变化趋势相同”作为故障特征，用小波能量熵比值表征一、二次侧故障分量电流方向的相对变化情况，实现区内外故障及其他干扰工况的区分。仿真结果验证了判据的有效性，所提保护判据能正确区分区内外故障，不受励磁涌流、换相失败及 CT 饱和的影响，提高了换流变压器差动保护的可靠性。

参考文献

[1] Deng Y J, Lin S, Fu L, et al. New criterion of converter transformer differential protection based on wavelet energy entropy[J]. IEEE Transactions on Power Delivery, 2019, 34(3): 980-990.

[2] 邓瑜佳. 交直流混联系统换相失败下的保护与故障定位方法[D]. 成都: 西南交通大学, 2019.

[3] 张健康, 张军民, 粟小华, 等. 交直流混联系统对变压器保护性能的影响及解决措施[J]. 电力系统自动化, 2010, 34(3): 101-106.

[4] Lin S, Gao S, He Z Y, et al. A pilot directional protection for HVDC transmission linebased on relative entropy of wavelet energy[J]. Entropy, 2015, 17(8): 5257-5273.

[5] Denis K A, Flavio B C, de Araujo R, et al. Real-time power measurement using the maximal overlap discrete wavelet-packet transform[J]. IEEE Transactions on Industrial Electronics, 2017, 64(4): 3177-3187.
[6] 李小鹏, 何正友, 武骁, 等. 利用 S 变换能量相对熵的幅值比较式超高速方向元件[J]. 电力系统自动化, 2014, 38(14): 113-117.

4 直流滤波器保护

直流滤波器安装在换流站直流场中，属于无源滤波器，由无源元件(电阻、电感、电容)构成，利用电容和电感元件电抗随频率变化的特征，构成调谐频率处呈低阻抗特性的滤波电路，以此实现滤除换流器直流侧特征谐波的目的。

直流滤波器发生接地故障后，滤波谐振回路发生变化，滤波效果受到影响，严重时还会导致直流滤波器因过压或过流而损坏。针对接地故障，实际工程通常配置差动保护，利用直流滤波器首尾端电流互感器差流构成保护判据。直流滤波器的高压电容器由于承受着直流线路压降、交流母线工频压降和谐波压降，电容元件易发生击穿损坏，与之串联的内熔丝亦会被击穿而断路，从而导致其他正常电容单元承受的电压升高，引发雪崩效应。对此，通常采用不平衡保护，利用高压电容器不平衡桥支路电流变化特征构造保护判据。

然而，实际运行情况表明，直流滤波器差动保护因受到互感器暂态特性影响而误动的现象时有发生，而不平衡保护则在对称故障时存在死区而拒动等问题。鉴于此，本章对直流滤波器接地故障和开路故障特征分别展开研究，基于直流滤波器接地故障后调谐点偏移，提出了一种接地故障保护新原理；根据直流滤波器高压电容器开路故障后电容值的变化特征，提出了一种开路故障保护新原理。

4.1 直流滤波器结构特点及故障特征

1. 直流滤波器结构

直流滤波器有多种电路结构形式，根据其滤除谐波频次的数量可分为单调谐滤波器、双调谐滤波器、三调谐滤波器等，双调谐滤波器是高压直流输电系统中常用的直流滤波器结构。因此，本章以双调谐直流滤波器作为具体研究对象，结构如图 4.1 所示。

双调谐直流滤波器包含两部分，一是高压电容器部分，由于其承担着直流电压和大部分谐波电压，因而称之为高压电容器。图 4.1 中高压电容器部为 H 型连接结构，包括四个电容桥臂支路(C_{11}、C_{12}、C_{13}、C_{14})，每个桥臂采用 S 个电容单元串联连接的方式，桥臂中每个电容单元由 m 个电容元件串联连接和 n 个电容元件并联的方式连接起来。每个电容元件串联一个内熔丝以实现对该电容元件的保护，在电容元件发生击穿短路故障时熔断短路支路，此时短路故障演变为开路故障。同时，在每个电容单元内部的 n 串电容元件旁边分别并联一个均压电阻，通常均压电阻阻值非常大，该均压电阻的作用是均衡 n 个串联支路的电压避免因电容元件局部电压较高而产生击穿故障。二是低压调谐部分，主要起调谐作用，以实现有效滤除谐波，图 4.1 中低压调谐部分具体包括电阻 R 和电抗器 L_1 的并联支路以及电容器 C_2 和电抗器 L_2 的并联支路。

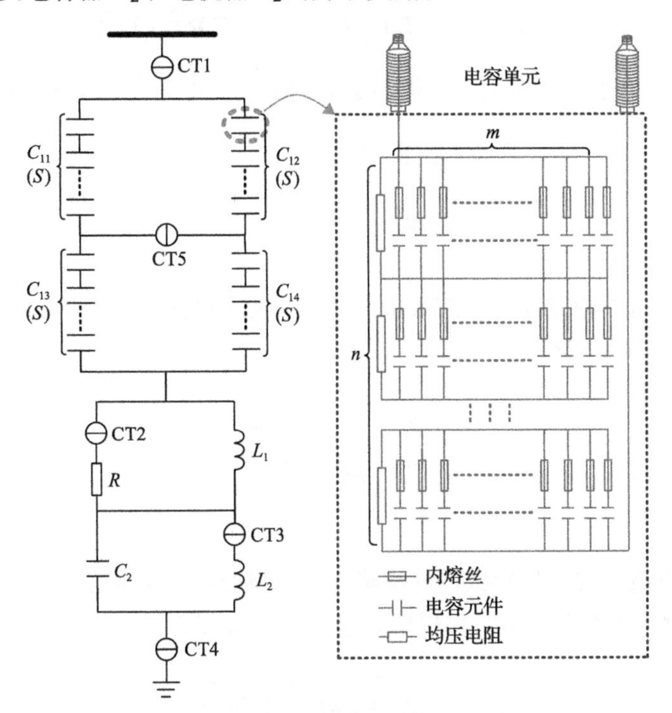

图 4.1 双调谐直流滤波器结构示意图

2. 直流滤波器参数设计

双调谐滤波器可同时滤除 2 个调谐角频率 ω_1 和 ω_2（$\omega_1 < \omega_2$），ω_1 为最小调谐角频率；实际工程中，其参数设计方法如下[1]。

根据图 4.1 中直流滤波器结构可得串、并联谐振角频率 ω_a、ω_b 分别为

$$\omega_a = \frac{1}{\sqrt{L_1 C_1}} \tag{4-1}$$

$$\omega_b = \frac{1}{\sqrt{L_2 C_2}} \tag{4-2}$$

式中，C_1 为直流滤波器高压电容器部分的电容值。

正常运行时，直流滤波器阻抗 $Z(\omega)$ 为

$$Z(\omega)=\frac{1}{\mathrm{j}\omega C_1}+\frac{R\mathrm{j}\omega L_1}{R+\mathrm{j}\omega L_1}+\frac{\mathrm{j}\omega L_2}{1-\omega^2 L_2 C_2} \tag{4-3}$$

忽略电阻 R 的作用时，即将电阻 R 支路看成开路，为使调谐角频率 ω_1、ω_2 处直流滤波器阻抗 $Z(\omega)=0$，则需满足

$$L_1C_1L_2C_2\omega^4-(L_2C_2+L_1C_1+L_2C_1)\omega^2+1=0 \tag{4-4}$$

根据式(4-4)中一元四次方程根与系数的关系，再结合式(4-1)和式(4-2)，有

$$\begin{cases}\omega_1^2\omega_2^2=\omega_a^2\omega_b^2\\ \omega_1^2+\omega_2^2=\omega_a^2+\omega_b^2+\dfrac{C_1}{C_2}\omega_a^2\end{cases} \tag{4-5}$$

为保证双调谐滤波器的滤波效果，通常令两个谐振角频率相等，即 $\omega_a=\omega_b$。因此，根据式(4-5)可得

$$\begin{cases}\omega_a=\omega_b=\sqrt{\omega_1\omega_2}\\ \dfrac{C_1}{C_2}=\dfrac{\omega_1^2+\omega_2^2}{\omega_1\omega_2}-2\end{cases} \tag{4-6}$$

工程上直流滤波器的参数设计步骤为：先根据系统需求确定 ω_1、ω_2 和 C_1，并根据式(4-6)确定 C_2 的值，再根据式(4-5)可求解谐振角频率 ω_a、ω_b 为

$$\begin{cases}\omega_a=\sqrt{\dfrac{M+\sqrt{M^2-4N\omega_1^2\omega_2^2}}{2N}}\\ \omega_b=\dfrac{\omega_1\omega_2}{\omega_a}\end{cases} \tag{4-7}$$

式中，$M=\omega_1^2+\omega_2^2$；$N=1+C_1/C_2$。

根据式(4-1)、式(4-2)和式(4-7)可求解电感 L_1、L_2；最后根据品质因数 Q 和谐振阻抗选择合理的 R。

3. 直流滤波器故障特征

1) 接地故障

双调谐直流滤波器典型接地故障如图 4.2 所示，主要可分为高压电容器接地故障和低压调谐部分接地故障。其中高压电容器接地故障可细分为电容器单元之间的连接线接地故障(f_1)、电容器桥臂之间的引线接地故障(f_2)；低压调谐部分

接地故障可分为高压电容器与电抗器 L_1 之间的引线接地故障(f_3)、电抗器 L_1 和电抗器 L_2 之间的引线接地故障(f_4)。

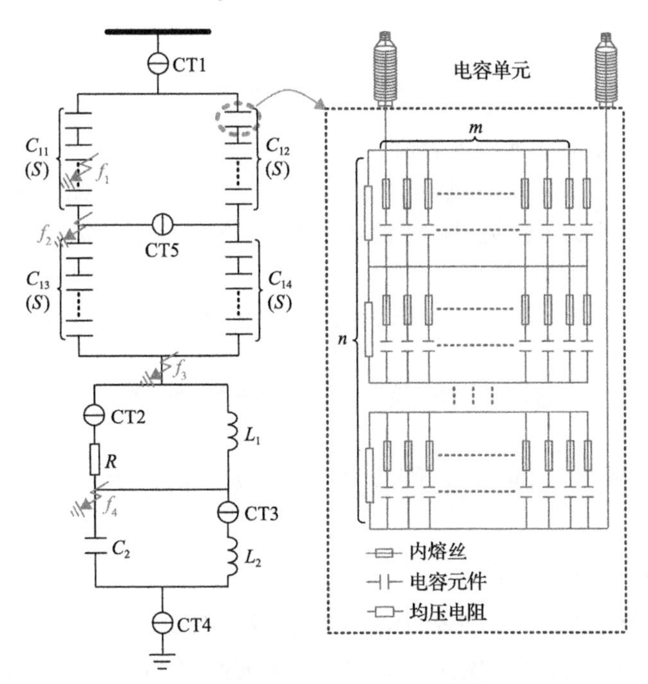

图 4.2　双调谐直流滤波器典型接地故障

图 4.2 中，电流互感器 CT1 测量直流滤波器首端电流 $i_1(t)$，CT4 测量直流滤波器近地端与中性点相连的直流滤波器穿越电流 $i_4(t)$。正常运行时直流滤波器首尾端电流相等，满足如下关系：

$$i_1(t)=i_4(t) \tag{4-8}$$

当直流滤波器发生接地故障后，非故障桥臂支路的电容向故障点放电，故障支路电流增大，因此，直流滤波器首尾端电流不再相等，即

$$i_1(t)\neq i_4(t) \tag{4-9}$$

2) 开路故障

由于高压电容器属于电压敏感型设备，在电容器端电压超过额定电压时可能发生电容器击穿短路故障。由图 4.1 可以看出，每个电容元件串联有内熔丝作为第一道防线，当流过电容器的短路电流较大时内熔丝熔断，进而将电容器短路故障演变为开路故障。

从图 4.1 可以看出，正常运行时每个桥臂由 m 个并联电容元件和 nS 行串联电容元件组成，高压电容器四个桥臂的电容值相等，此时流过不平衡桥的电流为

零。当高压电容器任意桥臂一行中有 x 个电容元件发生击穿故障时，故障电容由于内熔丝熔断被隔离，故障桥臂的电容值发生变化，故障桥臂电容值 C_f 为[2]

$$C_f = \frac{m(m-x)}{(nS-1)(m-x)+m}C_0 \tag{4-10}$$

式中，C_0 为每个电容单元的电容值。

从式(4-10)可以看出，故障电容桥臂的电容值 C_f 变小，此时流过高压电容器不平衡桥的电流不为零。流过不平衡桥电流 i_{unb} 占直流滤波器电流 i_1 比例为

$$\frac{i_{unb}}{i_1} = \frac{-x}{4mnS - 4nsx + 2x} \tag{4-11}$$

式中，i_{unb} 为高压电容器不平衡电流；i_1 为直流滤波器电流。

4.2　现有工程保护配置及适应性分析

1. 直流滤波器保护配置

现有工程中直流滤波器配置的保护情况具体如图 4.3 所示，其主保护为差动保护和不平衡保护，后备保护配置有反时限过电流保护、电阻器过负荷保护、电抗器过负荷保护及失谐保护。

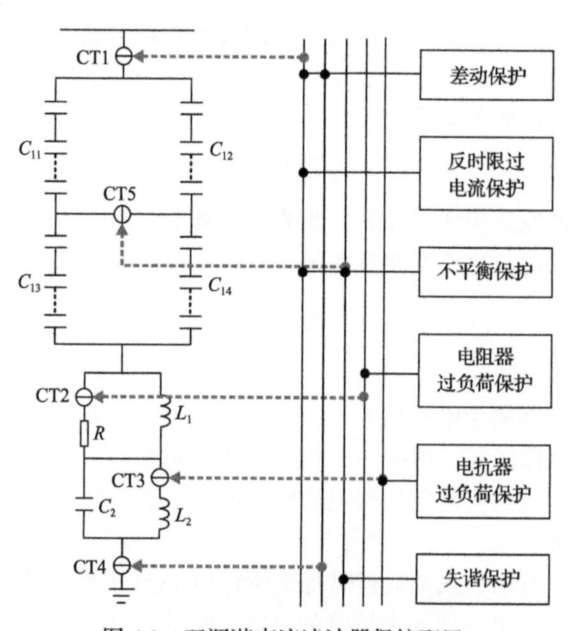

图 4.3　双调谐直流滤波器保护配置

图 4.3 中，差动保护采集直流滤波器首尾端电流互感器 CT1 和 CT4 的电流信号，可检测直流滤波器的接地故障和对中性线之间的短路故障；不平衡保护采集直流滤波器首端电流互感器 CT1 和不平衡桥电流互感器 CT5 的电流信息，可检测高压电容器的电容元件击穿故障而产生的不平衡电流；反时限过流保护是为防止电抗器的过热损坏，采集直流滤波器首端电流互感器 CT1 的电流以检测故障；电阻器过负荷保护是防止电阻的过热损坏，测量电阻器支路的电流互感器 CT2 的电流信息以检测故障；电抗器过负荷保护是防止电抗的过热损坏，测量电抗器支路电流互感器 CT3 的电流信息以检测故障；失谐保护是后备保护，主要检测支流滤波器调谐点偏移故障，测量 CT5 的电流信息以检测故障。

2. 主保护适应性分析

直流滤波器的主保护由检测接地故障的差动保护和监测开路故障的不平衡保护组成。实际运行工况表明，直流滤波器主保护中误动、拒动现象时有发生，如楚穗直流、金中直流等多个直流工程均发生过直流滤波器差动保护误动现象；龙泉换流站自 2008 年投运以来，直流滤波器不平衡保护告警达到 100 多次，且多次动作切除直流滤波器。下面主要分析直流滤波器差动保护和不平衡保护的适应性。

1) 差动保护适应性分析

在实际工程中，差动保护通过直流滤波器首尾端电流互感器的电流差值实现故障判别，保护判据如下。

保护 I 段：

$$\begin{cases} \left|i_{\mathrm{T1}}-i_{\mathrm{T4}}\right| > 40+0.5\cdot\left|i_{\mathrm{T1}}\right| \\ \left|i_{\mathrm{T1}}\right| < 180 \end{cases} \tag{4-12}$$

式中，i_{T1}为电流互感器 T1 的电流瞬时值；i_{T4}为电流互感器 T4 的电流瞬时值。

动作策略：延时 200ms，断开直流滤波器。

保护 II 段：

$$\begin{cases} \left|i_{\mathrm{T1}}-i_{\mathrm{T5}}\right| > 40+0.5\cdot\left|i_{\mathrm{T1}}\right| \\ \left|i_{\mathrm{T1}}\right| > 180 \end{cases} \tag{4-13}$$

动作策略：延时 200ms，极闭锁，停运直流系统。

保护 III 段：

$$\left|i_{\mathrm{T1}}-i_{\mathrm{T5}}\right| > 180+0.5\cdot\left|i_{\mathrm{T1}}\right| \tag{4-14}$$

动作策略：延时 20ms，极闭锁，停运直流系统。

通过实际工程案例调研发现，直流滤波器差动保护易受首尾端电流互感器暂态特性差异影响而发生误动作，如金中直流在进行极 1 直流线路短路试验时，直流滤波器差动保护电流互感器暂态特性不一致，导致金官站直流滤波器差动保护发出动作信号[3]。安宝换流站极 1 曾因直流线路连续遭受雷击，113ms 后直流滤波器差动满足动作判据，保护误动作[4]。可见，现有直流滤波器差动保护的适应性有待提升。当直流滤波器首尾端互感器暂态特性不一致时，在区外扰动情况下滤波器首尾端电流差值可能满足差动保护判据，从而引发保护误动作。

2）不平衡保护适应性分析

在实际工程中，不平衡保护作为高压电容器主保护，主要针对高压电容器开路故障。从图 4.1 中直流滤波器高压电容器的结构可知，直流滤波器正常运行时，H 型桥式结构的四个桥臂处于平衡状态，当桥臂上电容元件发生故障之后，平衡状态被打破。因而，现有直流滤波器高压电容器开路故障的保护方案多利用不平衡桥支路电流 i_u 的明显变化进行判断。当一个桥臂发生故障之后，该桥臂电容值变小，分流变大，导致不平衡桥电流 i_u 增大。利用这一特征，在实际工程中通常有三种故障检测方法：①不平衡电流有效值法；②比值检测法；③脉冲检测法。

现有不平衡保护主要采用比值检测法检测故障，把高压电容器不平衡电流和直流滤波器电流比值的绝对值作为开路故障检测判据，具体故障识别判据如式(4-15)所示：

$$k_{TP}=\left|\frac{I_u}{I_1}\right|=\left|\frac{C_{11}}{C_{11}+C_{12}}-\frac{C_{13}}{C_{13}+C_{14}}\right|>k_{th} \tag{4-15}$$

式中，I_u 为互感器 T5 测量的不平衡电流 i_u 的有效值；I_1 为互感器 T1 测量的直流滤波器电流 i_1 的有效值；k_{TP} 表示高压电容器不平衡电流 I_u 和直流滤波器电流 I_1 比值的绝对值；C_{11} 表示 H 型桥式高压电容器结构中左上桥臂的电容值；C_{12} 表示 H 型桥式结构中右上桥臂的电容值；C_{13} 表示 H 型桥式结构中左下桥臂的电容值；C_{14} 表示 H 型桥式结构中右下桥臂的电容值；k_{th} 为保护动作阈值。

正常运行状态下四个桥臂电容值相等，并有 $C_{11}=C_{12}=C_{13}=C_{14}=C_1$。

由式(4-15)可知，不平衡保护的判据不仅受故障电容元件数量的影响，而且还受故障电容元件位置的影响；同时，不平衡电流还易受交直流系统运行方式、频率、功率变化、交流系统重合闸等因素影响，导致不平衡电流变化范围较大。上述问题给高压电容器开路故障的准确、快速识别带来了巨大的挑战，有必要对现有不平衡保护存在的问题进行详细分析。

假设仅 C_{12} 桥臂中部分电容元件发生击穿故障，由于每个电容元件都串联了一个内熔丝，在电容元件发生击穿短路故障之后，内熔丝会被熔断，故障电容元件演变为开路故障。设故障之后电容值变为 xC_1，其中 $0<x<1$，此时不平衡保护判据为

$$k_1 = \left| \frac{C_1}{C_1 + xC_1} - \frac{C_1}{C_1 + C_1} \right| = \frac{1}{1+x} - \frac{1}{2} \tag{4-16}$$

如果此时 $k_1<k_{th}$，而 C_{14} 桥臂紧接着也发生电容元件击穿而演变的开路故障，故障之后电容值变为 yC_1，同样地，$0<y<1$，此时不平衡保护判据为

$$k_2 = \left| \frac{C_1}{C_1 + xC_1} - \frac{C_1}{C_1 + yC_1} \right| = \frac{1}{1+x} - \frac{1}{1+y} \tag{4-17}$$

从式(4-15)～式(4-17)可以明显看出 $k_2<k_1<k_{th}$，此时两个桥臂故障电容元件的数量较一个桥臂故障电容元件数量多，但是保护仍然不会动作。可见，现有不平衡保护无法有效识别这一类连续故障，存在保护盲区，这将严重威胁直流滤波器乃至整个高压直流输电系统的安全稳定运行。

另外，根据图 4.1 所示的直流滤波器结构，当高压电容器非对角的两个桥臂(如 C_{11} 和 C_{12}、C_{11} 和 C_{13}、C_{13} 和 C_{14}、C_{12} 和 C_{14})同时发生相同数量的电容元件击穿故障，即对称故障时，此时不平衡电流仍然为零，高压电容器不平衡电流 I_u 和直流滤波器电流 I_1 比值的绝对值 k_{TP} 也为零，传统不平衡保护方法在发生该类对称故障时也存在保护盲区。

综上所述，直流滤波器差动保护和不平衡保护分别存在保护误动和拒动的可能，适应性不足[5]。

4.3 基于特征谐波阻抗比的直流滤波器高压电容器接地故障保护

针对直流滤波器差动保护受互感器暂态特性影响而发生误动的问题，本节提出一种基于特征谐波阻抗比值的直流滤波器接地故障保护方法。在详细分析直流滤波器发生接地故障之后的结构变化，以及直流滤波器调谐点和谐振点的偏移情况的基础上，定义最小调谐角频率和并联谐振角频率下对应阻抗的比值为特征谐波阻抗比值；对接地故障之后的直流滤波器拓扑进行等效变换，发现故障前后特征谐波阻抗比值差异巨大，以此作为直流滤波器接地故障的识别判据，最后通过仿真验证了理论分析的正确性和保护方案的适应性[6]。

4.3.1　基本原理

图 4.1 所示的双调谐直流滤波器结构，直流滤波器高压电容器的接地故障通常发生在每个电容器单元的连接线之间，故主要分析高压电容器电容单元连接线之间的接地故障，如图 4.4 所示。

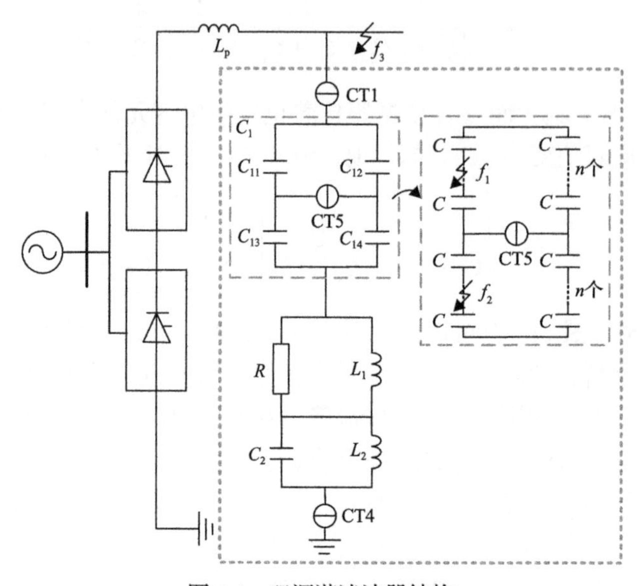

图 4.4　双调谐滤波器结构

图 4.4 中，C_1为高压电容器的等效电容；CT1 为首端电流互感器；CT5 为不平衡电流互感器；CT4 为尾端电流互感器；f_1 为高压电容器左侧上桥臂故障点；f_2为高压电容器左侧下桥臂故障点；f_3为直流母线故障点。

图 4.4 所示双调谐滤波器阻抗 $Z(\omega)$与角频率 ω 的关系如图 4.5 所示。在低频段，阻抗幅值随角频率的增加而减小，表现为容性元件特征；在高频段，阻抗幅值随角频率的增加而增大，表现为感性元件特征。为保证滤波器的滤波效果，通常设计直流滤波器调谐角频率 ω_1 和 ω_2 对应的阻抗最小；在并联谐振角频率 ω_b 处阻抗幅值最大。

在滤波器正常运行工况下，最小调谐角频率 ω_1 对应谐波阻抗 $Z(\omega_1)$为零，并联谐振角频率 ω_b 对应谐波导纳为零，谐波阻抗 $Z(\omega_b)$无穷大。据此，定义最小调谐角频率 ω_1的谐波阻抗 $Z(\omega_1)$与并联谐振角频率 ω_b 的谐波阻抗 $Z(\omega_b)$之比为特征谐波阻抗比值 K_Z:

$$K_Z = \frac{Z(\omega_1)}{Z(\omega_b)} \tag{4-18}$$

正常运行时，特征谐波阻抗比值 K_Z接近于 0。

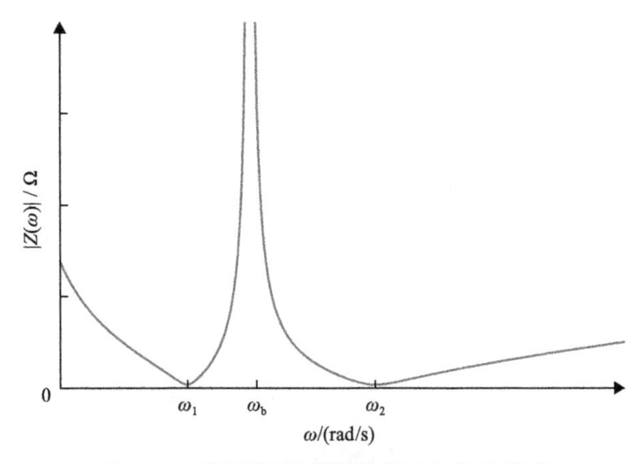

图 4.5　双调谐滤波器阻抗频率特性示意图

当高压电容器发生接地故障后，滤波器结构改变，其调谐点必然发生变化，因而最小调谐角频率ω_1发生偏移；同时，由于接地故障支路的存在，滤波器并联谐振角频率也将发生变化，并联谐振角频率 ω_b 也发生偏移。因此，特征谐波阻抗比值 K_Z 将增大。对图 4.4 中高压电容器不同位置发生接地故障(f_1、f_2)时，特征谐波阻抗比值的变化情况进行分析。

图 4.4 中直流滤波器高压电容器左侧上桥臂发生接地故障f_1后，滤波器的等效电路如图 4.6 所示。

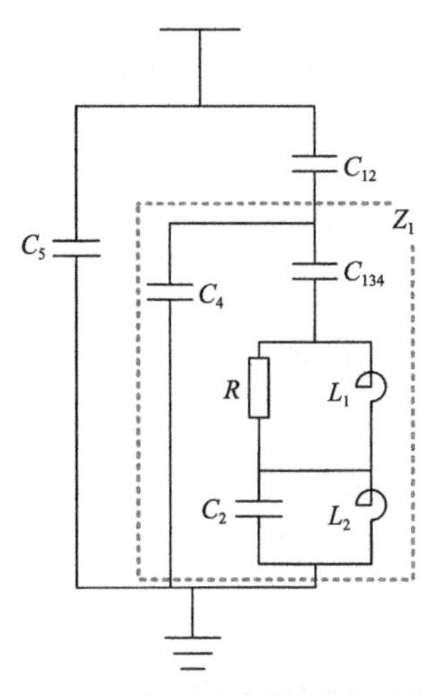

图 4.6　高压电容器左侧上桥臂接地故障等效电路

图 4.6 中 C_4 为高压电容器左上桥臂接地点到不平衡桥的等效电容，C_5 为接地点到左上桥臂顶端的等效电容。在对高压电容器上桥臂故障的电路进行等效时，在电路分析中通常将不平衡电流互感器 CT2 看成短路状态，直接将电容 C_{13} 和 C_{14} 看成并联连接的关系，图 4.6 中 C_{134} 为 C_{13} 和 C_{14} 的并联等效电容，满足如下关系：

$$C_{134} = 2C_{13} = 2C_{14} \tag{4-19}$$

设上桥臂故障点距顶端的电容个数占整个上桥臂电容总个数的百分比为 X $(0<X<1)$，则 C_4、C_5 可分别表示为

$$C_4 = \frac{C_{11}}{1-X} = \frac{C_1}{1-X} \tag{4-20}$$

$$C_5 = \frac{C_{11}}{X} = \frac{C_1}{X} \tag{4-21}$$

图 4.6 中支路阻抗 $Z_1(\omega)$ 为

$$Z_1(\omega)=\frac{\left(\dfrac{Rj\omega L_1}{R+j\omega L_1}+\dfrac{j\omega L_2}{1-\omega^2L_2C_2}+\dfrac{1}{j\omega C_{134}}\right)\dfrac{1}{j\omega C_4}}{\dfrac{Rj\omega L_1}{R+j\omega L_1}+\dfrac{j\omega L_2}{1-\omega^2L_2C_2}+\dfrac{1}{j\omega C_{134}}+\dfrac{1}{j\omega C_4}} \tag{4-22}$$

因此，上桥臂故障的等效阻抗 $Z_{f1}(\omega)$ 为

$$Z_{f1}(\omega)=\frac{\left(Z_1(\omega)+\dfrac{1}{j\omega C_{12}}\right)\dfrac{1}{j\omega C_5}}{Z_1(\omega)+\dfrac{1}{j\omega C_{12}}+\dfrac{1}{j\omega C_5}} \tag{4-23}$$

不计电阻 R 时，将最小调谐角频率 ω_1、并联谐振角频率 ω_b 分别代入式(4-23)，联立 4.1 节的式(4-1)、式(4-2)和式(4-5)，化简可得，高压电容器上桥臂发生故障时，其谐波阻抗比值 K_{ZS} 为

$$K_{ZS}=\frac{Z_{f1}(\omega_1)}{Z_{f1}(\omega_b)}=\frac{\omega_b}{\omega_1}\frac{2}{(X^2+1)(2-X)} \tag{4-24}$$

若令

$$G(X)=\frac{2}{(X^2+1)(2-X)} \tag{4-25}$$

$$K=\frac{\omega_b}{\omega_1} \tag{4-26}$$

则 $K_{ZS}=KG(X)$，由于谐振点在两个调谐点之间，有 $\omega_1<\omega_b$，故式(4-26)中的 K 为大于 1 的常数。高压电容器上桥臂发生接地故障时，$G(X)$随接地故障位置 X 的变化规律亦即特征谐波阻抗比值 K_{ZS} 随故障位置 X 的变化规律。根据式(4-25)，当 X 在 0 到 1 之间变化时，$G(X)$的变化规律如图 4.7 所示。

由图 4.7 可看出，$G(X)$随故障位置 X 的增大呈先增大后减小的趋势。故障位置 X 越接近高压电容器上桥臂两个端点时，滤波器特征谐波阻抗比值越小。但无论在上桥臂任何位置发生接地故障，故障后 $G(X)$均大于 1，因此，滤波器的特征谐波阻抗比值 K_{ZS} 在上桥臂发生接地故障之后始终大于 1。

高压电容器左侧下桥臂发生接地故障 f_2 时，滤波器等效电路如图 4.8(a)所示。图 4.8 中 C_6 为左侧下桥臂故障点到高压电容器底端的等效电容，C_7 为左侧下桥臂故障点到不平衡桥的等效电容。同理，下桥臂故障时可将电容 C_{11} 和 C_{12} 看成并联连接的关系，图 4.8 中 C_{112} 为 C_{11} 和 C_{12} 并联的等效电容，满足如下关系：

$$C_{112}=2C_{11}=2C_{12} \tag{4-27}$$

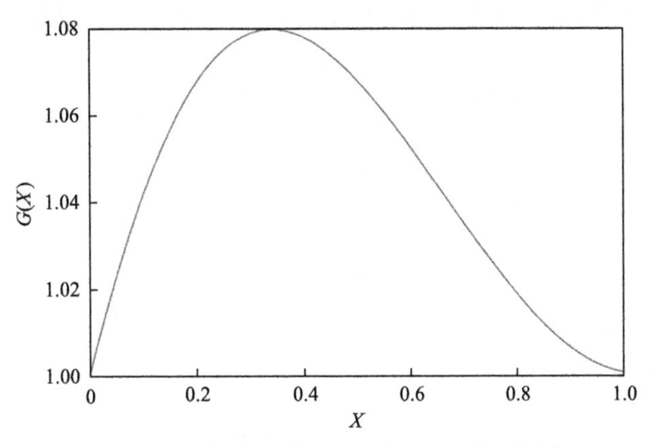

图 4.7　上桥臂接地故障时 $G(X)$ 的变化规律

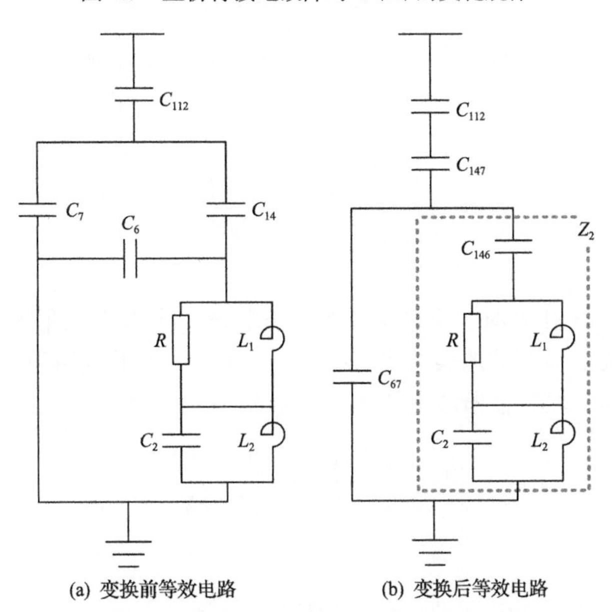

(a) 变换前等效电路　　(b) 变换后等效电路

图 4.8　高压电容器下桥臂接地故障等效电路

设下桥臂接地故障点距离不平衡桥的电容个数占整个下桥臂电容总个数的百分比为 $X(0<X<1)$，则 C_6、C_7 可分别表示为

$$C_6=\frac{C_{13}}{1-X}=\frac{C_1}{1-X} \tag{4-28}$$

$$C_7=\frac{C_{13}}{X}=\frac{C_1}{X} \tag{4-29}$$

将图 4.8(a)中 C_6、C_7、C_{14}构成的Δ型结构转换成 Y 型结构，则滤波器的等效电路如图 4.8(b)所示，其中 C_{147}、C_{146}、C_{67}为等效电容，分别为

$$C_{147}=\frac{C_6C_{14}+C_6C_7+C_7C_{14}}{C_6}=\frac{2C_1}{X} \tag{4-30}$$

$$C_{146}=\frac{C_6C_{14}+C_6C_7+C_7C_{14}}{C_7}=\frac{2C_1}{1-X} \tag{4-31}$$

$$C_{67}=\frac{C_6C_{14}+C_6C_7+C_7C_{14}}{C_{14}}=\frac{2C_1}{X(1-X)} \tag{4-32}$$

图 4.8(b)中支路阻抗 $Z_2(\omega)$为

$$Z_2(\omega)=\frac{R\mathrm{j}\omega L_1}{R+\mathrm{j}\omega L_1}+\frac{\mathrm{j}\omega L_2}{1-\omega^2L_2C_2}+\frac{1}{\mathrm{j}\omega C_{146}} \tag{4-33}$$

因此，当直流滤波器高压电容器下桥臂发生接地故障时，其等效阻抗 $Z_{f2}(\omega)$为

$$Z_{f2}(\omega)=\frac{Z_2(\omega)\dfrac{1}{\mathrm{j}\omega C_{67}}}{Z_2(\omega)+\dfrac{1}{\mathrm{j}\omega C_{67}}}+\frac{1}{\mathrm{j}\omega C_{112}}+\frac{1}{\mathrm{j}\omega C_{147}} \tag{4-34}$$

同理，不计电阻 R 时，将最小调谐角频率 ω_1、并联谐振角频率 ω_b 分别代入式(4-34)，并联立 4.1 节的表达式(4-1)、(4-2)、(4-5)化简可得，高压电容器下桥臂发生故障时，其特征谐波阻抗比值 K_{ZX}为

$$K_{ZX}=\frac{Z_{f2}(\omega_1)}{Z_{f2}(\omega_b)}=\frac{\omega_b}{\omega_1}\frac{X^2+2X+1}{(1+X^2)(2X-X^2+1)} \tag{4-35}$$

若令

$$H(X)=\frac{X^2+2X+1}{(1+X^2)(2X-X^2+1)} \tag{4-36}$$

则 $K_{ZX}=KH(X)$，高压电容器下桥臂发生接地故障时，$H(X)$随接地故障位置 X 的变化规律即特征谐波阻抗比值 K_{ZX} 随故障位置 X 的变化规律。根据式(4-36)，当 X 在 0 到 1 之间变化时，$H(X)$的变化规律如图 4.9 所示。

由图 4.9 可得，$H(X)$随着故障位置 X 的增大呈先增大后减小的规律，即故障位置越靠近滤波器高压电容器下桥臂两个端点，特征谐波阻抗比值越小。但无论在高压电容器下桥臂任何位置发生接地故障时，故障后 $H(X)$均大于 1。因此，滤波器的特征谐波阻抗比 K_{ZX} 大于 1。

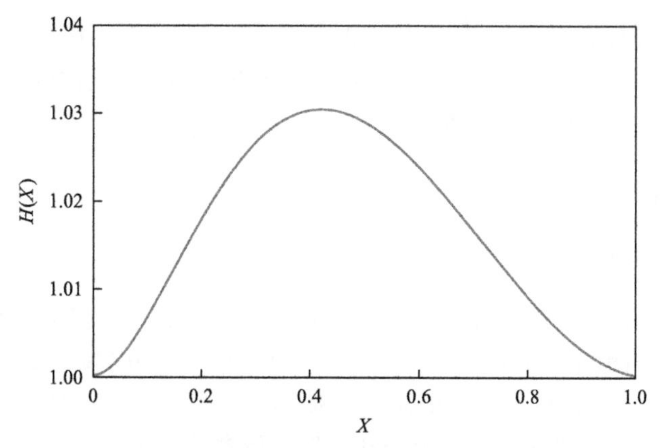

图 4.9 下桥臂发生接地故障时 $H(X)$ 的变化规律

通过上述对高压电容器接地故障的分析可知，在滤波器发生接地故障之后，滤波器结构发生变化，调谐角频率和谐振角频率均发生偏移。通过对特征谐波阻抗比值 K_Z 的定量分析发现，在正常运行时，特征谐波阻抗比值 K_Z 接近于零；而高压电容器发生接地故障之后，特征谐波阻抗比值 K_Z 均大于 1；而区外故障时，由于滤波器的结构没有变化，所以其最小调谐角频率 ω_1 的谐波阻抗仍为零，特征谐波阻抗比值 K_Z 必然小于 1。

4.3.2 保护判据

根据对直流滤波器特征谐波阻抗比值的分析，可利用高压电容器发生接地故障后，特征谐波阻抗比值的显著变化来识别直流滤波器高压电容器的接地故障；构造接地故障识别判据为

$$K_Z = \frac{Z(\omega_1)}{Z(\omega_b)} > K_{set} = k_{rel}k \tag{4-37}$$

式中，K_{set} 为保护动作整定值；k_{rel} 为可靠系数，取值为 ω_b/ω_1；k 为阻抗比值，取 $k=1$。

根据上述所提直流滤波器高压电容器接地故障识别方案，设置直流滤波器接地故障保护方案流程如图 4.10 所示。

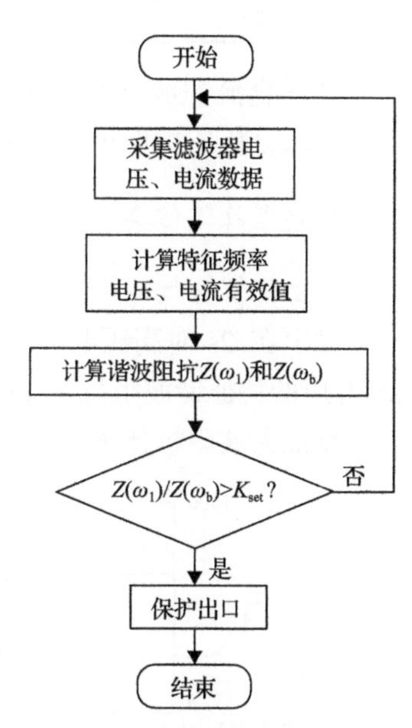

图 4.10 高压电容器接地故障保护方案流程图

根据实际直流输电工程中直流滤波器参数确定最小调谐角频率和并联谐振角频率；实时采集滤波器的电压和电流，进行傅里叶变换，数据窗长取 20ms，采样频率为 10kHz，利用滑动的窗口

实时计算最小调谐角频率 ω_1 和并联谐振角频率 ω_b 对应频点电压电流以获取频点信号的时域波形，再计算特征谐波阻抗 $Z(\omega_1)$ 和 $Z(\omega_b)$ 及其比值。当谐波阻抗比值 K_Z 大于保护整定值 K_{set}，保护出口。

4.3.3 仿真验证

1. 仿真模型和参数

使用 PSCAD/EMTDC 仿真平台的 CIGRE 高压直流输电标准测试仿真模型[7]，采用灵绍直流工程双调谐直流滤波器 HP12/24 结构以验证接地故障识别方案的可行性；其中每个桥臂的电容单元数 S 为 64，每个电容单元中并联电容元件数 m 为 20，串联电容元件数 n 为 3，直流滤波器具体参数如表 4.1 所示。基于此，可知直流滤波器调谐频率分别为 600Hz 和 1200Hz，即最小调谐角频率 $\omega_1=1200\pi$ rad/s。根据参数求得并联谐振角频率 $\omega_b=1600\pi$ rad/s，式(4-37)中 K_{set} 取值为 1.33。

表 4.1　直流滤波器参数

参数	数值	参数	数值
C_{11}/μF	0.35	R/kΩ	10
C_{12}/μF	0.35	L_1/mH	89.35
C_{13}/μF	0.35	L_2/mH	48.86
C_{14}/μF	0.35	C_2/μF	0.81

设置直流滤波器高压电容器上、下桥臂和直流母线等不同位置发生接地故障，仿真分析所提保护方案的可靠性和适应性。

2. 典型故障仿真

1) 上桥臂接地故障

设定在 2s 时高压电容器左侧上桥臂不同位置发生接地故障，最小调谐角频率 ω_1 对应的特征谐波阻抗 $Z(\omega_1)$、并联谐振角频率 ω_b 对应的特征谐波阻抗 $Z(\omega_b)$，以及特征谐波阻抗比 K_Z 的仿真结果如图 4.11 所示。

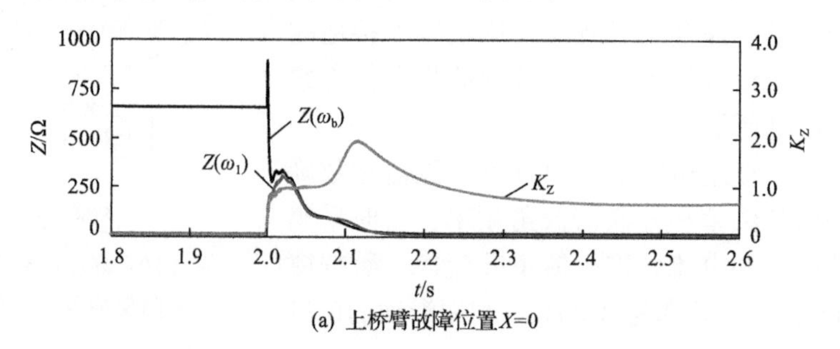

(a) 上桥臂故障位置 X=0

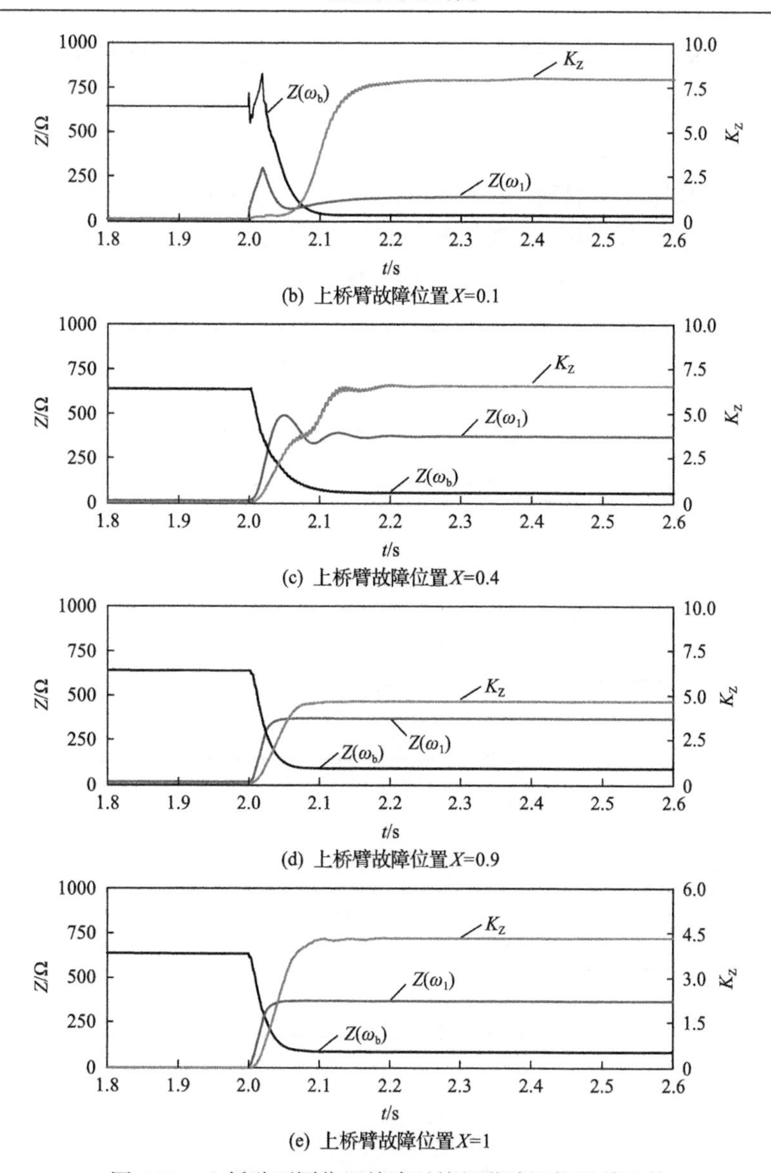

(b) 上桥臂故障位置X=0.1

(c) 上桥臂故障位置X=0.4

(d) 上桥臂故障位置X=0.9

(e) 上桥臂故障位置X=1

图 4.11　上桥臂不同位置故障时特征谐波阻抗及其比值

图 4.11 中，滤波器正常运行工况下，最小调谐角频率 ω_1 对应的特征谐波阻抗 $Z(\omega_1)$ 接近零，故特征谐波阻抗比值 K_Z 接近零，远小于 K_{set}。在上桥臂顶端 $X=0$ 时故障，特征谐波阻抗比值 K_Z 先增大后减少，当特征谐波阻抗比值 K_Z 大于保护动作整定值 K_{set} 时，判断故障发生；在上桥臂其他位置发生接地故障后，最小调谐角频率 ω_1 对应的特征谐波阻抗 $Z(\omega_1)$ 增大并趋于稳定值，并联谐振角频率 ω_b 对应的特征谐波阻抗 $Z(\omega_b)$ 减少并趋于稳定值。故障位置 X 分别取 0.1、0.4、0.9、1 时，特征谐波阻抗比值 K_Z 分别在 2.078、2.0265、2.029、

2.027s 时开始大于保护动作整定值 K_{set}，并继续增大最后分别稳定在 7.96、6.71、4.41、4.37。

2）下桥臂接地故障

高压电容器左侧下桥臂在 2s 时发生接地故障 f_2，故障位置 X 分别取 0.1、0.4、0.9、1 时，最小调谐角频率 ω_1 对应的特征谐波阻抗 $Z(\omega_1)$、并联谐振角频率 ω_b 对应的特征谐波阻抗 $Z(\omega_b)$ 及其特征谐波阻抗比 K_Z 的仿真结果如图 4.12 所示。

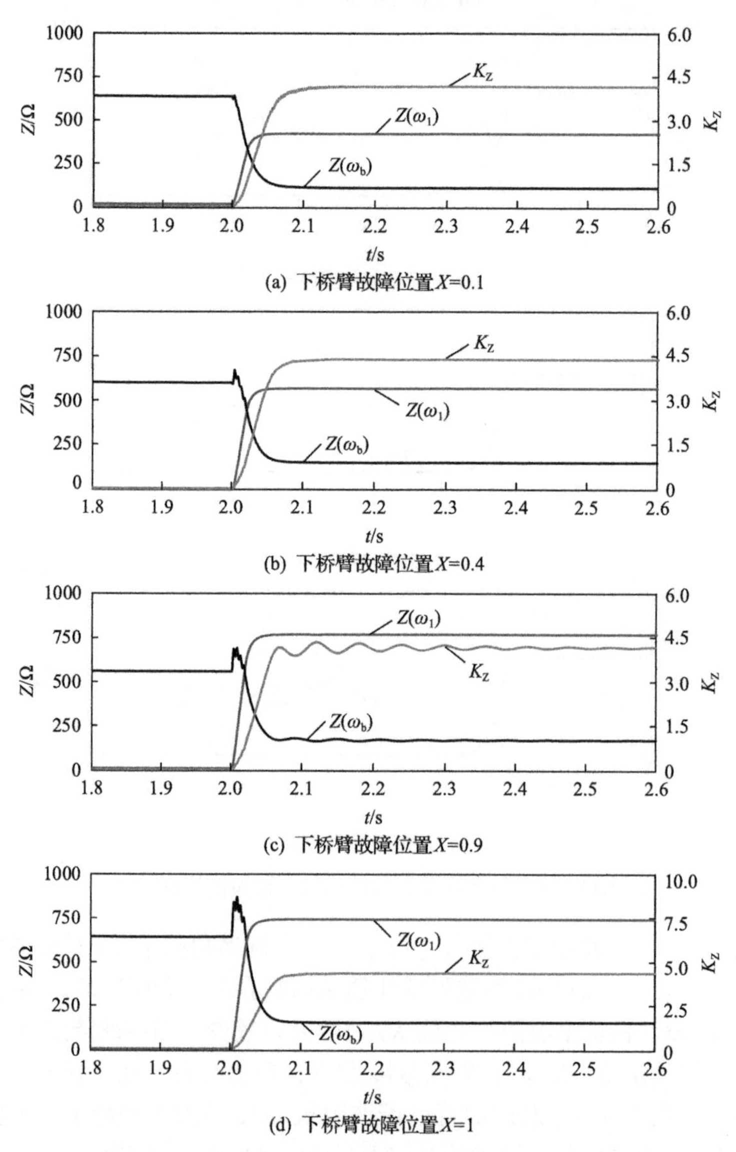

图 4.12　下桥臂不同位置故障时特征谐波阻抗及其比值

由图 4.12 可知，滤波器正常运行时，特征谐波阻抗比值 K_Z 接近零；在下桥臂发生接地故障后，最小调谐角频率 ω_1 对应的特征谐波阻抗 $Z(\omega_1)$ 增大并快速趋于稳定值，并联谐振角频率 ω_b 对应的特征谐波阻抗 $Z(\omega_b)$ 减少并快速趋于稳定值。当故障位置 X 分别取 0.1、0.4、0.9、1 时，特征谐波阻抗比值 K_Z 分别在 2.023、2.024、2.025、2.026s 时开始大于保护动作整定值 K_{set}，并继续增大最后分别稳定在 4.39、4.46、4.35、4.34，可以准确识别故障。

在实际高压直流输电系统中，由于多个直流滤波器并联接入、且输电线路存在对地电容，故 L_2、C_2 并联支路上会增加并联等效电容，使得角频率 ω_b 对应的特征谐波阻抗 $Z(\omega_b)$ 不会达到理论上的无穷大值；在高压电容器上桥臂发生接地故障之后，L_2、C_2 并联支路上增加的并联等效电容使得并联支路的等效电容更大，并联谐振角频率 ω_b 对应的谐波阻抗 $Z(\omega_b)$ 减小，导致特征谐波阻抗比值偏大。

上述仿真结果表明，本节所提基于特征谐波阻抗比值的接地故障识别方案在直流滤波器高压电容器不同位置发生故障之后，均能有效识别接地故障，保护能够准确、可靠动作。

3) 直流母线接地故障

直流母线在 2s 时发生接地故障 f_3 时，最小调谐角频率 ω_1 对应的特征谐波阻抗 $Z(\omega_1)$、并联谐振角频率 ω_b 对应的特征谐波阻抗 $Z(\omega_b)$ 及其特征谐波阻抗比 K_Z 的仿真结果如图 4.13 所示。

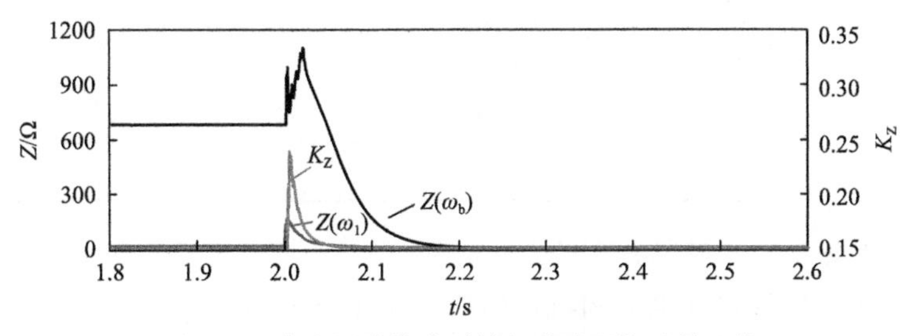

图 4.13 直流母线故障时特征谐波阻抗及其比值

从图 4.13 可以看出，直流母线发生接地故障之后，特征谐波阻抗比值 K_Z 的最大值约为 0.24，小于保护动作门槛值 K_{set}，不满足保护判据，保护可靠不动作。

3. 保护算法适应性分析

为了验证所提基于特征谐波阻抗比值的直流滤波器接地故障保护方案的适应性，对不同过渡电阻、不同信号噪声、不同数据窗、不同直流滤波器结构分别进行了仿真验证。

1)过渡电阻对保护动作特性的影响

在不同过渡电阻条件下，保护动作结果如表 4.2 所示，表中“1”代表保护动作，“0”代表保护不动作。仿真结果表明，不同过渡电阻情况下，当高压电容器不同位置发生接地故障时，故障后滤波器特征谐波阻抗比值 K_Z 均大于 K_{set}，满足保护判据，保护能准确动作；区外直流母线故障时，K_Z 均小于 K_{set}，不满足保护判据，保护准确不动作。由此可见，所提的保护方案具有一定的耐过渡电阻的能力。

表 4.2 不同过渡电阻条件下的仿真结果

过渡电阻/Ω	故障位置		K_Z	保护动作
10	上桥臂	$X=0.1$	3.84	1
		$X=0.4$	6.18	1
		$X=0.9$	4.32	1
	下桥臂	$X=0.1$	4.33	1
		$X=0.4$	4.43	1
		$X=0.9$	4.33	1
	直流母线		0.23	0
30	上桥臂	$X=0.1$	1.43	1
		$X=0.4$	2.28	1
		$X=0.9$	2.16	1
	下桥臂	$X=0.1$	2.14	1
		$X=0.4$	2.17	1
		$X=0.9$	2.06	1
	直流母线		0.20	0

2)噪声对保护动作特性的影响

采用高频分量的特征谐波阻抗比值作为高压电容器故障的保护动作判据，由于高频分量易受噪声的干扰，为此，需考虑噪声对保护判据的影响。在不同位置发生故障时，在滤波器电压和电流采样数据中加入 20dB 或 30dB 的高斯噪声，保护动作结果如表 4.3 所示。

表 4.3 不同信噪比条件下的仿真结果

信噪比/dB	故障位置		K_Z	保护动作
20	上桥臂	$X=0.1$	7.13	1
		$X=0.4$	6.08	1
		$X=0.9$	4.07	1

续表

信噪比/dB	故障位置		K_Z	保护动作
20	下桥臂	$X=0.1$	3.98	1
		$X=0.4$	4.29	1
		$X=0.9$	3.92	1
	直流母线		0.21	0
30	上桥臂	$X=0.1$	7.86	1
		$X=0.4$	6.21	1
		$X=0.9$	4.51	1
	下桥臂	$X=0.1$	4.31	1
		$X=0.4$	4.48	1
		$X=0.9$	4.30	1
	直流母线		0.24	0

根据表4.3可知，在考虑噪声干扰的情况下，所提保护方案仍能正确判别滤波器的接地故障，具有一定的耐噪声干扰能力。

3）数据窗长对保护动作特性的影响

高压电容器不同位置在2s时发生接地故障，改变傅里叶变换的数据窗长，保护动作结果如表4.4所示。

表4.4 不同数据窗长条件下的仿真结果

窗长/ms	故障位置		K_Z	到达 K_{set} 时间/ms	保护动作
20	上桥臂	$X=0.1$	7.96	77.45	1
		$X=0.4$	6.71	29.05	1
		$X=0.9$	4.41	26.51	1
	下桥臂	$X=0.1$	4.39	24.75	1
		$X=0.4$	4.46	23.35	1
		$X=0.9$	4.35	24.43	1
	直流母线		0.24	—	0
10	上桥臂	$X=0.1$	7.98	82.11	1
		$X=0.4$	6.72	30.21	1
		$X=0.9$	4.41	24.84	1
	下桥臂	$X=0.1$	4.40	22.49	1
		$X=0.4$	4.46	23.63	1
		$X=0.9$	4.35	22.24	1
	直流母线		0.35	—	0

续表

窗长/ms	故障位置		K_Z	到达 K_{set} 时间/ms	保护动作
5	上桥臂	$X=0.1$	7.99	86.62	1
		$X=0.4$	6.72	31.87	1
		$X=0.9$	4.70	39.05	1
	下桥臂	$X=0.1$	4.39	30.93	1
		$X=0.4$	4.51	27.18	1
		$X=0.9$	4.45	24.33	1
	直流母线		0.57	—	0

由表 4.4 可知，数据窗长分别为 20ms、10ms 和 5ms 时，所提保护方案均能正确识别故障。从仿真数据可以看出，数据窗长越短，特征谐波阻抗比值越大，但直流母线故障的特征谐波阻抗比值也越大，因此数据窗长度不宜过短；数据窗长越长，从滤波器故障到达到保护整定阈值的时间越短。故在实际应用中应根据具体要求综合考虑保护可靠性和速动性选择合理的数据窗长。

4）滤波器结构对保护动作特性的影响

采用不同结构的双调谐滤波器验证保护方案对滤波器结构的适应性。滤波器的结构分别如图 4.14(a)、(b)所示，其参数与表 4.1 相同，图 4.14(b)中的 $R_1=R_2=R$。

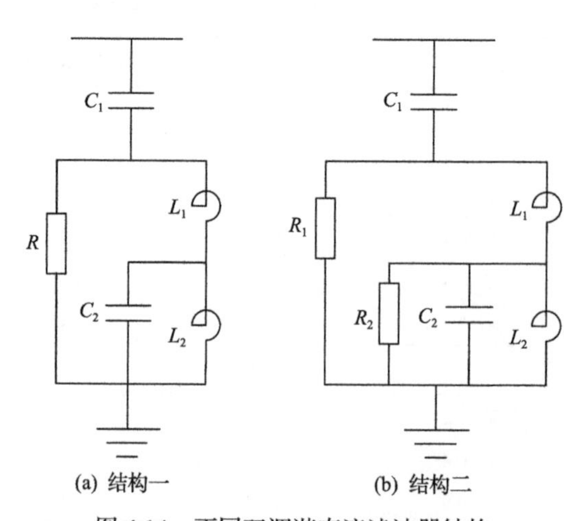

(a) 结构一　　(b) 结构二

图 4.14　不同双调谐直流滤波器结构

设置高压电容器左侧上桥臂 $X=0.5$ 时发生故障，不同滤波器结构仿真结果如图 4.15 所示。不同的双调谐直流滤波器结构，特征谐波阻抗比值变化趋势相同，且不同结构的特征谐波阻抗 $Z(\omega_1)$ 和 $Z(\omega_b)$ 及特征谐波阻抗比 K_Z 差异较小。仿真结果表明，所提保护方案对于具有“在调谐点阻抗最小，两个调谐点之间存在阻抗峰值点”特征的双调谐滤波器均适用。

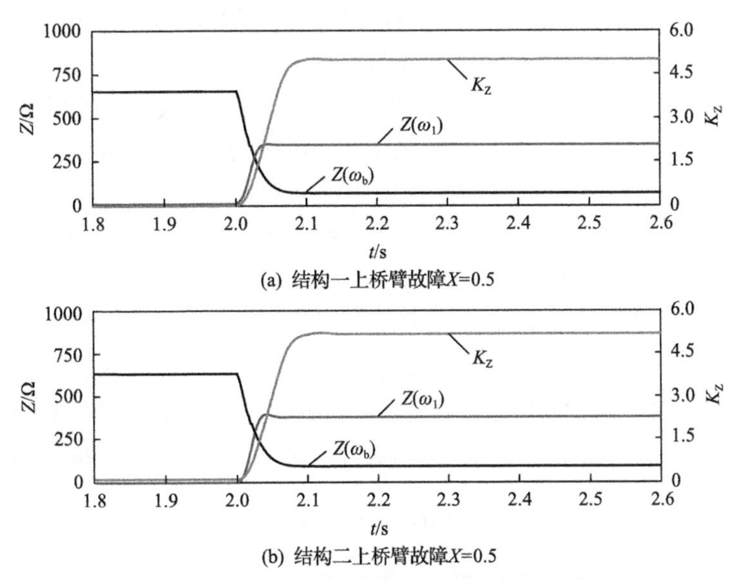

(a) 结构一上桥臂故障X=0.5

(b) 结构二上桥臂故障X=0.5

图 4.15　不同滤波器结构的特征谐波阻抗及其比值

4.4　基于电容参数识别的直流滤波器高压电容器开路故障保护

由于现有直流滤波器不平衡保护在对称故障或连续故障时存在保护盲区，为了准确检测直流滤波器开路故障，提高高压电容器开路故障保护方法的适应性和可靠性，下面提出一种基于电容参数识别的直流滤波器开路故障保护方法[5]。该方法通过测量直流滤波器电压、电流等电气量，可以实时准确地识别高压电容器的电容参数，根据电容参数在故障前后的明显差异识别高压电容器开路故障，有效解决不平衡保护在对称故障和连续故障时存在保护盲区的问题。

4.4.1　基本原理

当高压电容器发生击穿短路故障之后，与电容元件串联的内熔丝熔断，进而演变为开路故障。开路故障导致高压电容器的结构和参数发生变化，而高压电容器电容参数的变化可通过电容器两端的电压和电流体现。因此，本节首先分析高压电容器开路故障后的电压电流变化特征。

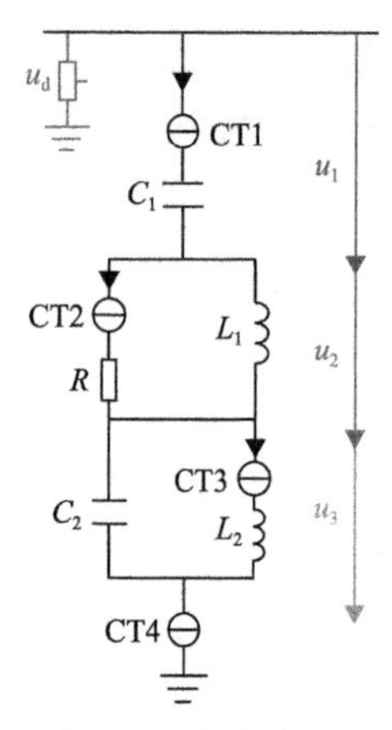

图 4.16　直流滤波器简化结构

为了获得高压电容器的端电压，首先将高压电容器等效为一个电容值为 C_1 的电容，直流滤波器的结构可以简化如图 4.16 所示。

从图 4.16 可以看出，直流滤波器的电压由三部分组成：

(1) 高压电容器的端电压 $u_1(t)$；

(2) 电阻器 R 和电抗器 L_1 并联支路的端电压 $u_2(t)$；

(3) 电容器 C_2 和电抗器 L_2 并联支路的端电压 $u_3(t)$。

在实际工程中仅可测直流滤波器的端电压，即直流母线出口与中性点之间的电压 $u_d(t)$，而无法直接测量直流滤波器其他支路的电压。因此，为获得高压电容器的端电压，需要利用直流滤波器的电流测点测量支路电流，结合直流滤波器参数计算其他并联支路的端电压。

设互感器 CT2 测量的电阻 R 支路电流为 $i_2(t)$、互感器 CT3 测量的电抗器 L_2 支路电流为 $i_3(t)$。根据欧姆定律，电阻 R 和电抗器 L_1 并联支路的端电压 $u_2(t)$ 为

$$u_2(t)=i_2(t)\times R \tag{4-38}$$

电容器 C_2 和电抗器 L_2 并联支路的端电压 $u_3(t)$ 为

$$u_3(t)=L_2\frac{\mathrm{d}i_3(t)}{\mathrm{d}t} \tag{4-39}$$

由于直流滤波器的端电压 $u_d(t)$ 已知，再结合式(4-38)和式(4-39)可以计算出高压电容器的端电压 $u_1(t)$：

$$u_1(t)=u_d(t)-u_2(t)-u_3(t)=u_d(t)-Ri_2(t)-L_2\frac{\mathrm{d}i_3(t)}{\mathrm{d}t} \tag{4-40}$$

为识别高压电容器的电容参数，不仅需要计算高压电容器的电压，还需要得到高压电容器的电流。从图 4.16 的结构中可以明显看出，正常运行时流过直流滤波器的电流互感器 CT1 和互感器 CT4 的电流相等；而将高压电容器等效为一个电容之后，无论高压电容器是否发生电容击穿故障，流过电流互感器 CT1 和互感器 CT4 的电流都等于流过高压电容器 C_1 的电流。

因此，流过直流滤波器高压电容器的电流 $i_C(t)$ 为

$$i_C(t)=i_1(t) \tag{4-41}$$

式中，$i_1(t)$ 为互感器 CT1 测量的电流值。

根据上述分析，在获取高压电容器的端电压和流过高压电容器的电流之后，

可构建高压电容器的电容微分方程

$$i_{\mathrm{C}}(t)=C_{\mathrm{H}}\frac{\mathrm{d}u_1(t)}{\mathrm{d}t} \tag{4-42}$$

式中，C_{H}为高压电容器等效电容值的计算值。

在正常运行时高压电容器的电容值不发生变化，而在高压电容器发生开路故障时，其将随故障工况的变化而变化。

由式(4-42)可得高压电容器的电容参数表达式为

$$C_{\mathrm{H}}=\frac{i_{\mathrm{C}}(t)}{\frac{\mathrm{d}u_1(t)}{\mathrm{d}t}} \tag{4-43}$$

由于直流电压的微分约等于零，故可以仅对流入直流滤波器的交流电压分量进行微分。对式(4-43)的电压微分方程进行最小二乘法估计电容值，以获取更精确的高压电容器电容值。

通过上述对高压电容器开路故障的分析可知，在高压电容器发生开路故障之后，其结构和参数均会发生相应的变化。电容参数的变化通过其端电压和电流体现。因此，可通过直流滤波器的电压电流测点和直流滤波器结构参数等获取高压电容器的端电压和电流，从而获得高压电容器的电容微分方程；在此基础上，再识别高压电容器的电容参数。为了准确评估电容参数的变化情况，定义高压电容器电容相对误差

$$K_{\mathrm{C}}=\frac{|C_{\mathrm{H}}-C_1|}{C_1} \tag{4-44}$$

式中，C_1为高压电容器初始运行时的电容值。

4.4.2 保护判据

正常运行时，高压电容器电容相对误差 K_{C} 非常小，几乎接近于零；而当直流滤波器的高压电容器发生故障之后，其高压电容器电容相对误差 K_{C} 将明显增加。因此，可通过该变化特征识别高压电容器开路故障。

综上，利用直流滤波器高压电容器发生开路故障后，电容相对误差 K_{C} 的显著变化特征来识别直流滤波器高压电容器的开路故障。构造高压电容器开路故障的保护判据如下

$$K_{\mathrm{C}}>K_{\mathrm{rel2}}K_{\mathrm{set2}} \tag{4-45}$$

式中，K_{set2}为保护动作整定值；K_{rel2}为可靠系数，取值为 1.05。

式(4-45)中，直流滤波器保护动作整定值 K_{set2} 和直流滤波器调谐频率的偏移量密切相关。通常，为保证直流滤波器和高压直流输电系统的高效、安全、稳定运行，直流滤波器调谐频率的波动量被限制在一个较小的范围内。在实际工程中，其调谐频率的波动范围通常在调谐频率的±1%范围内[8]，直流滤波器的阻抗表达式为

$$Z_f = \frac{1}{j2\pi fC_1} + \frac{jR2\pi fL_1}{R + j2\pi fL_1} + \frac{j2\pi fL_2}{1-(2\pi f)^2 L_2C_2} \tag{4-46}$$

式中，f为直流滤波器的调谐频率；R、L_1、C_2、L_2均为直流滤波器的参数。

直流滤波器的滤波特征为：在调谐频率处其特征谐波阻抗值最小，直流滤波器阻抗的实部 Z_{f_Re} 为

$$Z_{f\_Re} = \frac{R(2\pi fL_1)^2}{R^2 + (2\pi fL_1)^2} \tag{4-47}$$

直流滤波器阻抗的虚部 Z_{f_Im} 为

$$Z_{f\_Im} = \frac{-1}{2\pi fC_1} + \frac{2R^2\pi fL_1}{R^2 + (2\pi fL_1)^2} + \frac{2\pi fL_2}{1-(2\pi f)^2 L_2C_2} \tag{4-48}$$

通过式(4-47)可知直流滤波器阻抗的实部大于零，当直流滤波器阻抗的虚部为零时，直流滤波器阻抗值最小。当式(4-48)中 Z_{f_Im} 等于零时，直流滤波器高压电容器的等效电容用直流滤波器参数和调谐频率来表征，存在如下关系：

$$C_1 = \frac{(1-(2\pi f)^2 L_2C_2)(R^2 + (2\pi f)^2 L_1^2)}{((2\pi f)^2 L_2)(R^2 + (2\pi f)^2 L_1^2) + (R^2(2\pi f)^2 L_1^2)(1-(2\pi f)^2 L_2C_2)} \tag{4-49}$$

从式(4-49)可以看出，高压电容器的调谐频率与等效电容 $C1$ 有关，调谐频率 f 随着 $C1$ 的增大而增大。因此，在调谐频率偏移+1%时，高压电容器的等效电容 C_1 取得最大值 C_{MAX}；在调谐频率偏移 −1%时，高压电容器的等效电容 $C1$ 取得最小值 C_{MIN}。保护判据式(4-45)中保护动作整定值的 K_{set2} 的取值可以定义为

$$K_{set2} = \max\left(\frac{|C_{MAX} - C_1|}{C_1}, \frac{|C_{MIN} - C_1|}{C_1}\right) \tag{4-50}$$

综上，直流滤波器开路故障的故障识别整定值 K_{set2} 取调谐频率允许偏移量最大值−1%或+1%时，分别对应高压电容器电容相对误差的最大值。

因此利用直流滤波器高压电容器开路故障前后电容值的明显差异，可构造基于电容相对误差的高压电容器保护判据。所构造的提高压电容器开路故障保护方案流程如图 4.17 所示。

根据图 4.17 可知高压电容器开路故障保护方案具体实现步骤如下。

(1)根据直流滤波器电压、电流互感器实时采集的直流滤波器两端电压 $u_d(t)$、互感器 CT1 的电流 $i_1(t)$、互感器 CT2 的电流 $i_2(t)$和互感器 CT3 的电流 $i_3(t)$等电气量。

(2)根据直流滤波器各设备的参数计算高压电容器的端电压 $u_1(t)$。

(3)构建电容微分方程并识别高压电容器的电容参数。

(4)根据计算的电容参数计算高压电容器的电容相对误差 K_C。

(5)将电容相对误差 K_C 与保护整定值进行比较，若电容相对误差 K_C 大于保护整定值则判断为高压电容器发生开路故障，保护出口；反之，则继续采集电气量数据对开路故障进行判别。

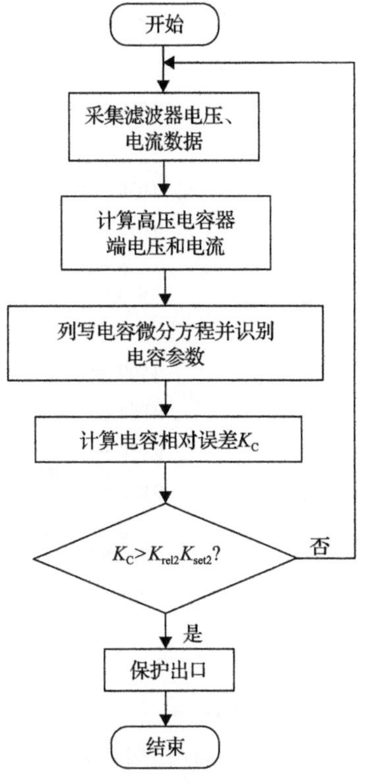

图 4.17　开路故障保护方案流程图

4.4.3 仿真验证

基于 4.3 节中的仿真模型和参数，仿真验证上述理论分析的正确性和基于电容参数识别的高压电容器开路故障保护方法的可靠性，仿真了连续故障和对称故障两种工况。仿真分析中，现有不平衡保护方法利用直流滤波器不平衡电流和流过滤波器总电流的比值进行判断，如式(4-15)所示，其保护整定值 k_{th} 取值为 0.0196。本章所提故障识别方案的阈值 K_{set2} 取 0.0286，保护整定值为 0.030，采样频率为 10kHz。

1. 连续故障

仿真两桥臂连续故障的工况，并与现有不平衡保护方案进行比较，验证所提保护方案的可靠性。

设定在 1.2s 时 C_{11} 桥臂有 6 个串联和 14 个并联的电容元件发生故障，在 1.5s 时 C_{12} 桥臂有 6 个串联和 13 个并联的电容元件发生故障。电容相对误差 K_C

和现有不平衡保护的不平衡电流 i_u 与直流滤波器电流 i_1 的比值 k_{TP} 的仿真结果如图 4.18 所示。

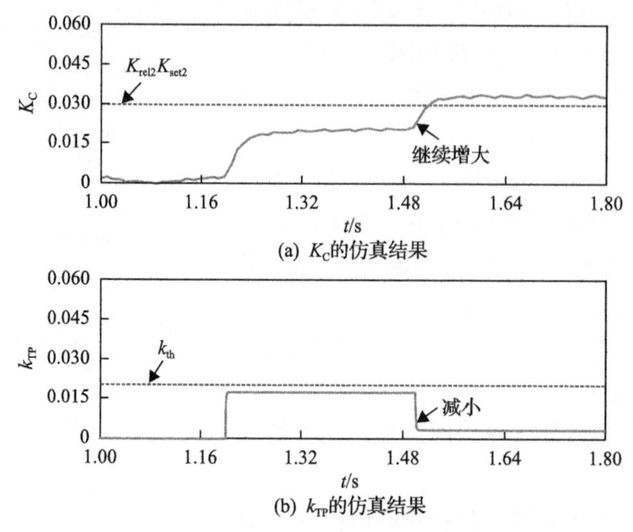

图 4.18 连续故障时 K_C 和 k_{TP} 的仿真结果

从图 4.18(a)中可以看出，对于所提基于电容参数的高压电容器开路故障识别方法，其电容相对误差 K_C 在 1.2s 时从零增大到 0.0173，并且在 1.5s 时继续增大到 0.0317，大于保护整定值，故可以准确识别直流滤波器开路故障，仿真结果表明所提故障识别方案不受故障桥臂位置的影响。图 4.18(b)是传统不平衡保护方案仿真结果，从仿真结果可以看出，不平衡保护判据中 k_{TP} 在 1.2s 时从零增大到 0.0175，但是当 1.5s 连续故障发生时，k_{TP} 减小至 0.0035，其值远小于保护动作整定值 0.0196，故现有不平衡保护方法无法识别故障。

综上可知，本章所提直流滤波器开路故障保护方案不受发生连续故障桥臂数量的影响，仅与故障的电容元件数量相关，较现有不平衡保护方法具有更高的可靠性。

2. 对称故障

对称故障是指两个非对角桥臂同时发生相同数量的电容元件故障(如 C_{11} 和 C_{12}、C_{13} 和 C_{14}、C_{11} 和 C_{13}、C_{12} 和 C_{14})，此时不平衡桥流过的电流几乎为零。本节仿真对称故障工况下新保护方案的动作效果，并与现有不平衡保护方案进行比较，验证所提保护方案的可靠性。

设定在 1.2s 时 C_{11} 桥臂和 C_{13} 桥臂分别有 6 个串联和 18 个并联电容元件同时发生故障。电容相对误差 K_C 和现有不平衡保护 k_{TP} 仿真结果如图 4.19 所示。

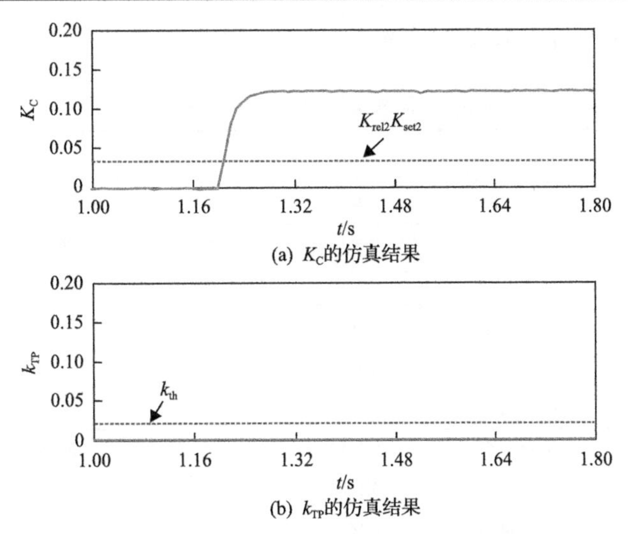

(a) K_C的仿真结果

(b) k_{TP}的仿真结果

图 4.19 对称故障时 K_C 和 k_{TP} 的仿真结果

从图 4.19(a)中可以看出，对于所提基于电容参数的直流滤波器开路故障保护方法，其电容相对误差 K_C 在 1.2s 时从零增大到 0.1233，远大于保护整定值 0.030，故可以准确识别直流滤波器开路故障。图 4.19(b)是现有基于不平衡保护方案仿真结果，从图中可以看出不平衡保护判据 k_{TP} 在 1.2s 对称故障发生时仍然为零，其比值 k_{TP} 不受故障工况的影响，与正常运行时情况相同，表明现有不平衡保护方法无法识别对称故障。

综合上述，对称故障时传统不平衡保护方法存在保护盲区，不能准确识别对称故障。而本章所提基于电容参数的高压电容器开路故障保护方案不受故障桥臂位置的影响，仅与故障电容元件数量相关，较现有不平衡保护方法可靠性更高。

3. 保护算法适应性分析

为了验证所提基于电容参数识别的高压电容器开路故障保护方案的适应性，考虑故障桥臂数量和故障桥臂位置等因素，将所提方法中高压电容器电流相对误差 K_C 与现有不平衡保护方法中电流比值 k_{TP} 进行比较，比较结果如表 4.5 所示，表中“→”代表连续故障，“→”左侧桥臂的故障发生时间为 1.2s，“→”右侧桥臂的故障发生时间为 1.5s，其中每个桥臂的故障电容元件数量均为 6 个串联的电容元件和 18 个并联的电容元件。在表 4.5 中的“√”代表方法可以准确识别高压电容器的开路故障，“×”代表方法不能准确识别高压电容器的开路故障。

表 4.5 中“C_{11}→C_{12} C_{13}”代表 C_{11} 桥臂中 6 个串联电容元件和 18 个并联电容元件在 1.2s 发生故障，C_{12} 和 C_{13} 分别有 6 个串联电容元件和 18 个并联电容元件在 1.5s 发生故障；“C_{11} C_{13}”代表 C_{11} 和 C_{13} 桥臂中分别有 6 个串联电容元件和

18 个并联电容元件在 1.2s 发生故障。

表 4.5　不同故障工况下的仿真结果对比

故障桥臂数量	故障桥臂位置	所提方法		传统方法	
		K_C	结果	k_{TP}	结果
一个桥臂	C_{11}	0.0581	√	0.0616	√
	C_{12}	0.0581	√	0.0616	√
二个桥臂	$C_{11}\to C_{12}$	0.1098	√	0	×
	$C_{12}\to C_{14}$	0.1098	√	0	×
	C_{11} C_{13}	0.1098	√	0	×
三个桥臂	$C_{11}\to C_{12}$ C_{13}	0.1682	√	0.0616	√
	C_{12} $C_{13}\to C_{14}$	0.1682	√	0.0616	√
	$C_{11}C_{12}$ C_{13}	0.1682	√	0.0616	√
四个桥臂	C_{11} C_{12} C_{13} C_{14}	0.2195	√	0	×

从表 4.5 中可以看出，故障桥臂的数量越多，故障电容元件的数量也越多，此时电容相对误差 K_C 也越大；而且无论是连续故障还是对称故障情况下，电容相对误差 K_C 不受故障桥臂位置的影响。对于现有不平衡保护，其不平衡电流与直流滤波器电流的比值 k_{TP} 在一个桥臂故障和三个桥臂故障时相等，均为 0.0616，而在两个或四个桥臂对称故障的工况条件下 k_{TP} 为零，即故障无法被识别。仿真结果表明，传统不平衡保护方法对于故障桥臂的数量不够敏感，尤其是发生对称故障时传统不平衡保护灵敏性不足。可见，本章所提开路故障保护方案的适应性更强。

4.5　本章小结

本章首先分析直流滤波器的结构、故障特征、和主保护的适应性，在此基础上给出基于特征谐波阻抗比值差异的接地故障保护新方法和基于电容参数变化的开路故障保护新方法。

高压电容器接地故障后，直流滤波器调谐频率发生变化。调谐频率处的阻抗不再最小，而呈增大的趋势；谐振频率处的谐振阻抗不再是无穷大，而呈减小的趋势；据此可利用最小调谐频率和谐振频率对应的谐波阻抗比值构造保护判据。新保护原理易于实现，有耐过渡电阻能力，抗噪能力强，具有一定的工程应用前景。

基于高压电容器开路故障时电容参数的变化特征，利用直流滤波器的电压、电流等信息构建高压电容器电容微分方程求解电容参数，提出利用高压电容相对误差表征高压电容器开路故障的新原理。所提保护方法有效解决了传统保护存在保护盲区的问题，且保护仅利用已有电气量测点，无须额外硬件设备，便于在工程中应用。

参考文献

[1] 牟大林. HVDC 直流滤波器高压电容器保护与故障定位方法研究[D]. 成都: 西南交通大学, 2020.

[2] 梅念, 李银红, 陈东, 等. HVDC 工程交/直流滤波器高压电容器不平衡保护的判据研究[J]. 电网技术, 2011, 35(12): 229-234.

[3] 张鹏望, 刘进, 崔学龙. 一起直流滤波器保护误动分析及算法优化建议[J]. 电力电容器与无功补偿, 2017, 38(5): 49-53.

[4] 余江, 周红阳, 黄佳胤. 直流滤波器保护的相关问题[J]. 南方电网技术, 2011, 5(A2): 6-10.

[5] Lin S, Mu D, Liu L, et al. A novel fault diagnosis method for DC filter in HVDC systems based on parameter identification[J]. IEEE Trans on Instrumentation and Measurement, 2020, 69(6): 5969-5971.

[6] 林圣, 牟大林, 刘磊, 等. 基于特征谐波阻抗比值的 HVDC 直流滤波器高压电容器接地故障保护方案[J]. 中国电机工程学报, 2019, 39(22): 6617-6626.

[7] Mu D, Lin S, Lei Y, et al. Bridge arm Fault Location Method for High Voltage Capacitor of DC Filter in HVDC Systems Based on Current Characteristics[C]. 1st China International Youth Conference on Electrical Engineering Conference(CIYCEE), Wuhan, China, 2020.

[8] 肖遥, 夏谷林, 张楠. H 和Π接线高压滤波电容器组不平衡电流保护的定值计算及比较[J]. 中国电机工程学报, 2014, 34(S1): 239-245.

5 接地极线路保护

接地极系统作为高压直流输电系统的重要组成部分，主要负责钳制中性点电压及作为系统不平衡电流的引流通路。接地极线路长是接地极系统的关键设备之一，因其输电走廊环境较复杂，故障率高。当直流系统运行在双极平衡方式下时，接地极线路流经的直流电流接近于 0，线路短路或断线故障不会影响系统的正常运行；而系统一旦转入单极大地运行方式或停运检修方式，接地接线路故障将导致数千安培的直流电流经过故障接地点入地，严重危及系统的运行安全。因此，如何有效利用双极平衡运行方式下微弱的故障特征信号，实现故障的可靠识别与精确定位，从而规避其潜在风险，是当前研究的重难点。本章首先简要介绍接地极系统的结构和典型故障特征，分析现有不平衡保护的适应性，在此基础上，给出基于特征谐波阻抗的接地极线路保护与故障定位方案。

5.1 接地极系统结构及故障特征

1. 接地极系统结构

在高压直流输电工程中，接地极线路通常采用两条几十至上百公里的架空线并联运行方式。接地极系统主要由三个部分构成：换流站中性母线、接地极线路及接地极。其中接地极线路作为系统不平衡电流的引流通路，连接换流站中性母线和接地极，将电流在极址处均匀注入大地[1]。

高压直流输电系统采用双极两端中性点接地方式，接地极系统直接与系统两侧换流站的直流中性母线相连，具体结构如图 5.1 所示。

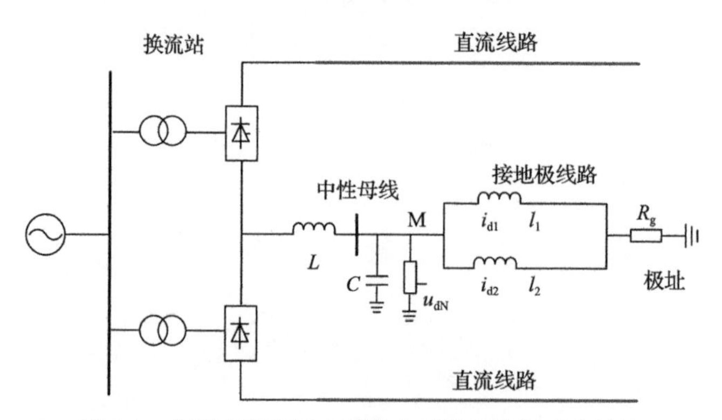

图 5.1 典型双极高压直流输电系统接地极系统结构

图 5.1 中，L为平波电抗器；C为过电压吸收电容；R_g为极址电阻。

下面主要对接地极系统中的接地极线路、接地极极址、过电压吸收电容及平波电抗器的工作原理进行简要介绍。

1）接地极线路

直流输电系统中的不平衡电流会从换流站中性母线流入接地极线路，并在极址处均匀流入大地。与交流输电线路和直流输电线路相比较，接地极线路具有以下几个特点。

（1）接地极线路电流的大小主要受直流系统运行方式的影响。当系统处于单极大地回线方式运行时，直流系统的额定电流流入接地极，接地极线路中的电流可能达到几千安培。当系统处于双极大地回线方式运行时，正、负极不平衡电流流入接地极线路，若两极输送功率平衡，由于两极换流变压器的触发角和阻抗角等参数可能无法完全一致，接地极线路会流过低于 1%系统额定电流的不平衡电流，不超过几百安培；若两极输送功率不平衡，接地极线路会流过正、负两极的差流，且系统双极功率输送的不平衡程度会影响接地极线路的电流值。

实际工程中，直流输电系统通常将双极均投入运行，仅在系统单极发生故障或停运检修时，系统采用单极运行方式。

（2）正常情况下，接地极线路运行电压很低，且会受系统双极输送功率不平衡程度的影响。如果双极不平衡度较小，与直流输电线路的额定电压相比，换流站中性母线的电压等级很低；如果不平衡度大时，接地极的电压等级有可能达到几千伏，甚至十几千伏。

（3）接地极线路一般采用并联的双回架空导线，两条线路流过的直流电流同向、同值，且其阻抗具有对称性。当线路发生不对称故障时，两条线路阻抗将发生改变，流过两条线路的电流值不再相等。

2）接地极极址

接地极线路在极址点处经过阻值很小的电阻接入大地，其阻值一般小于 0.5Ω。接地极是直接与土壤接触的金属导体或导体群，工程中普遍采用铜包钢接地棒、防腐电解离子接地极等。在正常运行工况下，接地极线路上全部的电流会经过接地极入地。虽然对于暂态波接地极呈现出电感和电阻的特性，但是在发生普通的接地故障或系统正常运行时，接地极可视为纯电阻。

3）过电压吸收电容

高压直流输电系统换流站中性母线上的并联电容，用以吸收电路中的过电压，降低过电压的幅值。

4) 平波电抗器

平波电抗器与换流站中性母线串联，在一定程度上能降低线路上信号的谐波分量。

2. 接地极线路故障特征

1) 接地故障

接地极线路在运行过程中最为普遍的故障是短路故障和断线故障。接地极线路发生接地短路故障通常有以下几种原因：线路周围的林木生长旺盛，其枝干触及线路导致线路对地闪络；大量污秽附着在线路杆塔或绝缘子的表面；雷击线路造成对地闪络；在恶劣天气情况下(如毛毛雨、霜或雪)，沿绝缘子表面放电等。接地极线路接地故障发生时，由于故障处的直流电弧通常难以自熄，若不采取切除故障的相应措施，则有可能会引发直流输电系统停运的严重后果。实际工程中，接地极线路发生接地短路故障的概率明显高于其他故障类型。接地极线路典型接地故障如图 5.2 所示。

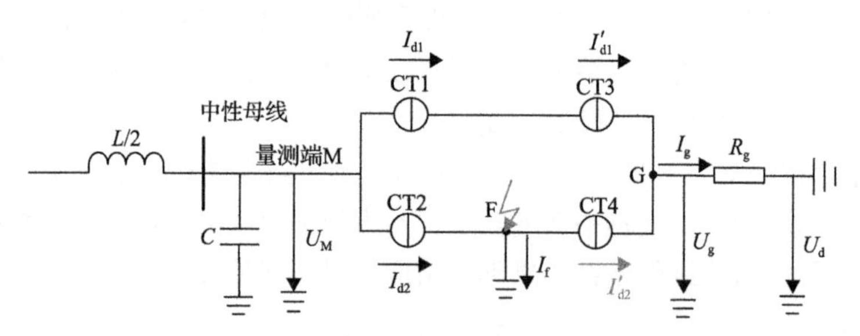

图 5.2　接地极线路典型接地故障

图 5.2 中，CT1、CT2 测量两条线路量测端入线电流互感器的电流，CT3、CT4 测量接地极线路近极址端出线电流互感器的电流。正常运行时，两条线路电流相等，且量测端与极址端电流相等，满足如下关系：

$$I_{d1} = I_{d2} = I'_{d1} = I'_{d2} \tag{5-1}$$

当接地极线路在图中 F 点发生接地故障时，两条线路电流不再相等，即

$$I_{d1} \neq I_{d2} \tag{5-2}$$

2) 断线故障

接地极线路断线故障的主要原因为如风压、覆冰等外力作用使得导线超出其允许的最大承受能力或故障电弧烧断导线等，线路断线故障会造成过电压，威胁系统的正常运行、接地极线路断线故障示意图如图 5.3 所示。

正常运行时，两条线路电流相等，满足式(5-1)；当接地极线路在图中 F 点

发生断线故障时，发生断线故障的线路电流为 0，即

$$\begin{cases} I_{d1} \neq I_{d2} \\ I_{d2} = 0 \end{cases} \tag{5-3}$$

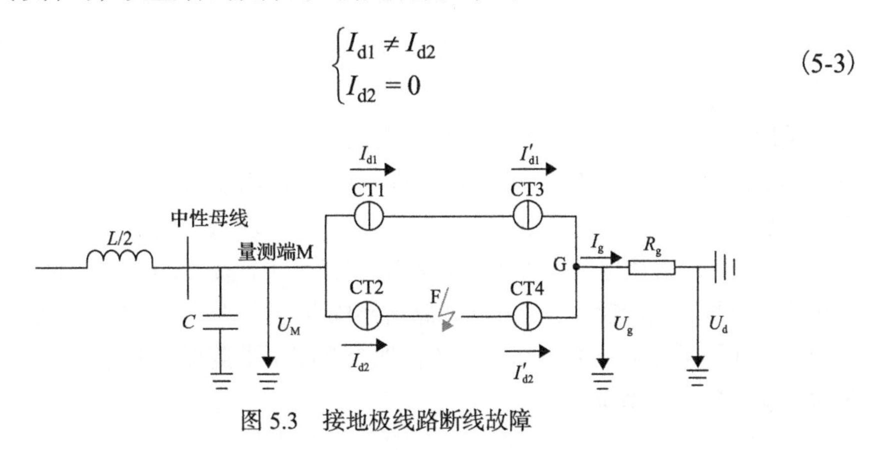

图 5.3 接地极线路断线故障

综上，接地极线路故障特征为：当接地极线路发生单线接地故障时，故障线路电流增大而非故障线路电流减少，两接地极线路电流将产生差值；当接地极线路发生断线故障时，故障线路电流减为 0，两条接地极线路电流同样会产生差值。

5.2 现有工程保护配置及适应性分析

5.2.1 接地极线路保护配置

为可靠、迅速地监测和消除接地极线路故障，在已投运的直流输电工程中，接地极线路主要配置的保护有过电压保护、不平衡保护、过电流保护及母线差动保护等，其中作为接地极线路主保护的是不平衡保护和过电压保护[2,3]。同时，在现场对于接地极线路保护和故障测距还会装配阻抗监测装置 PEMO2000。下面对接地极线路不平衡保护、过电压保护及阻抗监测装置 PEMO2000 进行简要介绍。

1. 接地极线路不平衡保护

接地极线路一般由两条并行的导线构成，其中一条线路一旦发生故障，原本两条线路阻抗相等对称的结构将发生改变，两条接地极线路之间会产生差流。因此，检测两条并行的接地极线路直流电流的不平衡度是不平衡保护的基本原理。基于此原理，德国 SIEMENS 公司结合线路参数，设计出接地极线路不平衡保护方法，该方法已应用于高肇、兴安及天广等高压直流输电工程的接地极线路保护中。典型的不平衡保护判据如下式所示。

$$\left|I_{de1}-I_{de2}\right|>I_{set} \tag{5-4}$$

式中，I_{de1}、I_{de2} 分别表示接地极线路 l_1 和接地极线路 l_2 的电流值；I_{set} 为动作门槛值。

采用不平衡保护可以检测接地极线路的接地故障及断线故障。然而，该保护方案的缺点是保护整定值 I_{set} 难以确定且耐过渡电阻能力较差，若整定值取值过小，保护容易误动；若整定值取值太大，保护灵敏度低。同时，当发生雷击或其他瞬时性故障时，该保护方法无法可靠判别故障。此外，当在系统双极运行时，由于接地极线路电气量较微弱，在长线路后半段发生故障时，存在保护死区。表 5.1 中列出了我国部分高压直流输电系统接地极线路不平衡保护的动作门槛值、动作延时、动作后果等情况。

表 5.1　部分高压直流输电系统接地极线路不平衡保护方案

输电方式	运行方式	动作门槛值	动作延时/ms	动作后果	备注
天广直流	双极方式	$\|I_{de1}-I_{de2}\|>90A$	500	告警	
	单极方式	$\|I_{de1}-I_{de2}\|>90A$	500	极闭锁	
高肇直流	双极方式	$\|I_{de1}-I_{de2}\|>120A$	500	极平衡	$\max(I_{de1}-I_{de2})>550A$
		$\|I_{de1}-I_{de2}\|>22.5A$	500		$\max(I_{de1}-I_{de2})<550A$
	单极方式	$\|I_{de1}-I_{de2}\|>120A$	500	极闭锁	$\max(I_{de1}-I_{de2})>550A$
		$\|I_{de1}-I_{de2}\|>22.5A$	500		$\max(I_{de1}-I_{de2})<550A$
兴安直流	双极方式	$\|I_{de1}-I_{de2}\|>120A$	500	极平衡	$\max(I_{de1}-I_{de2})>550A$
		$\|I_{de1}-I_{de2}\|>22.5A$	500		$\max(I_{de1}-I_{de2})<550A$
	单极方式	$\|I_{de1}-I_{de2}\|>120A$	500	极闭锁	$\max(I_{de1}-I_{de2})>550A$
		$\|I_{de1}-I_{de2}\|>22.5A$	500		$\max(I_{de1}-I_{de2})<550A$

2. 接地极线路过电压保护

在高压直流输电系统各种运行方式下，一旦接地极线路发生断线或开关误跳等故障，换流站中性母线和接地极线路上均会产生直流过电压，导致与之相关的电气设备存在因过电压受损的风险。为了避免该情况出现，接地极线路加装过电压保护，表 5.2 中列出我国部分高压直流输电系统接地极线路过电压保护的整定值情况。过电压保护借助换流站中性母线上安装的分压器检测中性母线对地电压 U_{dN}，将其与保护阈值进行比较来判定接地极线路是否发生断线故障。过电压保护仅能检测接地极线路断线故障，且保护阈值不易确定。

表 5.2 部分高压直流输电系统接地极线路过电压保护方案

输电方式	运行方式	动作门槛值	动作延时/ms	动作后果
天广直流	双极方式	U_{dN}>80kV	40	合上高速接地开关
	双极方式	U_{dN}>80kV，I_{de4}>200A	100	闭锁相应极
	单极大地或单极双导线并联方式	U_{dN}>80kV	40	闭锁相应极、合上高速接地开关
	单极金属回线方式	U_{dN}>80kV	300	闭锁相应极、合上高速接地开关
高肇直流	双极方式	U_{dN}>75kV	100	合上高速接地开关
	单极大地或单极双导线并联方式	U_{dN}>75kV	100	闭锁相应极、合上高速接地开关
	单极金属回线方式	U_{dN}>75kV	428	闭锁相应极、合上高速接地开关

注：I_{de4}表示通过接地极系统的高速开关注入换流站接地网的电流。

3. 接地极线路监视装置

目前南方电网部分高压直流输电工程采用了接地极线路监视装置(PEMO2000)，该装置是由 SIEMENS 公司研发并生产的一种基于脉冲发射原理的新型装置。监视装置主要由脉冲发射器、耦合单元 AKE100-A5、耦合电容器、高压避雷器、双层同轴电缆、故障记录仪及接收装置等元件构成，具体结构如图 5.4 所示。

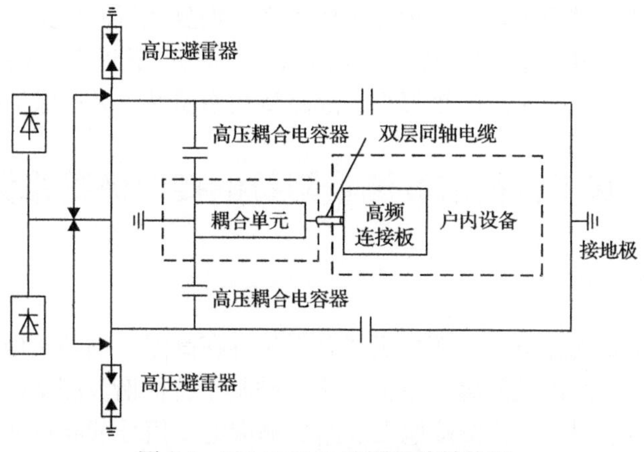

图 5.4 PEMO2000 监测系统结构图

该监测装置工作的基本原理是脉冲发生器通过耦合单元向两条接地极线路有规律地发出高频脉冲信号，当接地极线路发生故障时，沿接地极线路前行的高频脉冲信号会在故障点反射回信号注入点，反射波会由耦合单元接收，再通过高频电缆传递到监视装置，同时 GPS 将标记反射波信号的时间刻度，最后通过分析脉冲反射波行进的时间即可判断线路是否发生故障，并提供故障点的信息。

PEMO2000 装置能够监视和定位在接地极线路上发生的永久性单线金属接地故障、断线故障和线间短路故障。然而实际运行情况表明，该装置对接地极线路高阻接地故障和瞬时性故障失效的情况时常发生。究其原因在于接地极线路大部分瞬时性故障持续时间在 2s 以内，而监视装置的脉冲发生器发射脉冲的间隔时间为 2s，因而有可能检测不到接地极线路的瞬时性故障；同时，根据脉冲反射原理，装置无法监测到高阻接地故障。此外，装配 PEMO2000 装置需要单独设计信号传输通道及装设附加的保护装置，对硬件条件要求高。

5.2.2 接地极线路不平衡保护的适应性分析

在实际工程中，不平衡保护作为接地极线路的主保护，在单极大地回线运行方式下，接地极不平衡电流保护动作后直接停运直流(极停运)；在双极运行方式下，接地极不平衡电流保护动作后先发出报警信号，后调节双极直流电流平衡(极平衡)。保护动作判据为：$|I_{de1}-I_{de2}|>I_{set}$，其中 I_{de1}、I_{de2} 分别为两条接地极线路的电流，动作整定值 I_{set} 参照正常运行接地极线路出现的最大电流差值确定。

但实际工程运行经验表明，目前，接地极系统所配置的不平衡保护针对接地极线路通过大电流时发生的单线断线故障可准确动作，但对于小电流运行工况下的故障不够灵敏。当直流系统平衡运行时，流过接地极线路的电流很小，即使接地极线路发生单线断线或接地故障，两条接地极线路的故障电流差值仍然无法达到保护动作条件，不利于第一时间发现故障。换言之，接地极系统的运行特点和不平衡保护的动作逻辑决定了保护死区的存在，而且死区问题无法通过提高测量精度解决。此外，由于接地极线路单端接地，所以在靠近极址端发生接地故障时，近站端的两个电流测点电流很小，故障特征不明显，无法保护线路全长。

5.3 基于特征谐波测量阻抗的接地极线路保护

5.3.1 基本原理

现有的高压直流输电系统接地极线路保护存在高阻、远端接地故障时保护灵敏度低的问题。为解决该问题，下面给出一种基于特征谐波测量阻抗幅值比的接地极线路保护方法[4]，在分析接地极线路量测端电气信号谐波特征的基础上，利用故障后两条接地极线路特征谐波测量阻抗的差异构成保护判据。

1. 接地极线路特征谐波测量阻抗

高压直流输电系统中，由于换流器是一种非线性元器件，在换流过程中，其直流侧和交流侧均会产生大量谐波。而其产生的谐波可分为特征谐波和非特征谐波，其中，特征谐波是指当换流器处于理想换流状态时因换流而产生的谐波。理想的换流状态是指换流变压器三相参数对称，交流母线电压的频率保持不变且波形为理想的正弦波，换流器不同组别的阻抗和变比完全一致，触发间隔为 30°。正常情况下，换流器的工作状态通常是接近理想状态的，故直流侧谐波中特征谐波是主要的组成成分。接地极线路量测端的电压、电流信号中所含频率成分相同，主要为 12 次、24 次和 36 次特征谐波；其中，12 次谐波成分含量在各次特征谐波中处于主导地位，约占特征谐波总量的 50%以上。

接地极系统中的特征谐波电流在流过线路及接地极时会产生压降，该压降即量测端的特征谐波电压。因此，量测端特征谐波电压、线路特征谐波电流与故障距离和线路阻抗有关，即与接地极系统的等效电路有关。输电线路的集中参数模型主要有 R-L 模型、π 模型及 T 模型。对于接地极线路，由于其采用架空线路，长度通常为几十到一百多公里，电压等级较低，并联导纳小，并联导纳中流过的电流与起始端口电流相比可忽略不计，故接地极线路可以不计并联导纳，采用 R-L 线路等值模型来等效，如图 5.5 所示。其中，$Z=(R+jx)l$；R 为单位长度电阻；x 为单位长度电抗；l 为线路长度。

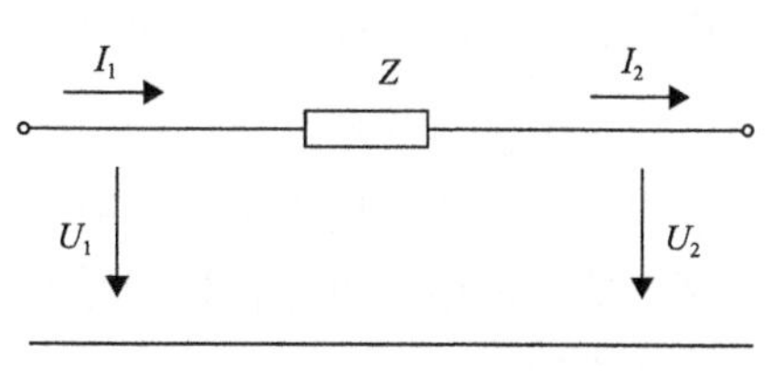

图 5.5　R-L 线路等值模型

当接地极线路正常运行时，由于接地极线路上特征谐波的主要来源均为换流器，所以中性母线量测端特征谐波电压最高，两条线路流过等值同向的特征谐波电流，接地极系统的等效电路如图 5.6 所示。

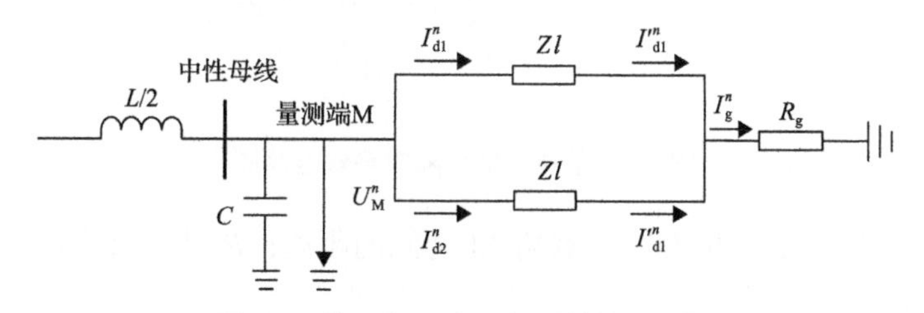

图 5.6　接地极正常运行时等效电路图

图 5.6 中，U_M^n 为量测端电压的 n 次特征谐波分量；I_{d1}^n、I_{d2}^n 为接地极线路入线电流的 n 次特征谐波分量；$I_{d1}'^n$、$I_{d2}'^n$ 为接地极线路出线电流的 n 次特征谐波分量；I_g^n 为极址电流的 n 次特征谐波分量；Z 为线路单位长度阻抗；l 为线路全长。

定义接地极系统量测端特征谐波电压与线路入线特征谐波电流的比值为该条线路的特征谐波测量阻抗，则接地极线路 l_1、l_2 的 n 次谐波测量阻抗分别为

$$\begin{cases} Z_1^n = \dfrac{\dot{U}_{\mathrm{M}}^n}{\dot{I}_{\mathrm{d1}}^n} \\ Z_2^n = \dfrac{\dot{U}_{\mathrm{M}}^n}{\dot{I}_{\mathrm{d2}}^n} \end{cases} \tag{5-5}$$

式中，Z_1^n、Z_2^n 分别为接地极线路 l_1、l_2 的 n 次谐波测量阻抗；$\dot{U}_{\mathrm{M}}^n$ 为 n 次谐波电压值；$\dot{I}_{\mathrm{d1}}^n$、$\dot{I}_{\mathrm{d2}}^n$ 分别为接地极线路 l_1、l_2 的 n 次谐波电流值。

根据上述分析可知，当接地极系统正常运行时，两条接地极线路的特征谐波测量阻抗为

$$Z_1^n = Z_2^n = \frac{\dot{U}_{\mathrm{M}}^n}{\dot{I}_{\mathrm{d1}}^n} = Z^n l + 2R_{\mathrm{g}} \tag{5-6}$$

式中，Z^n 为线路单位长度 n 次谐波阻抗。

1) 单线接地故障

当接地极线路出现单线接地故障时，同样是量测端特征谐波电压最高，故障线路上的特征谐波电流在处于低电位的故障点分流，一部分经过故障点和过渡电阻流入大地，一部分继续沿着线路流入极址点。接地极线路 l_2 于 F 点发生单线接地故障时，接地极系统的等效电路如图 5.7 所示。

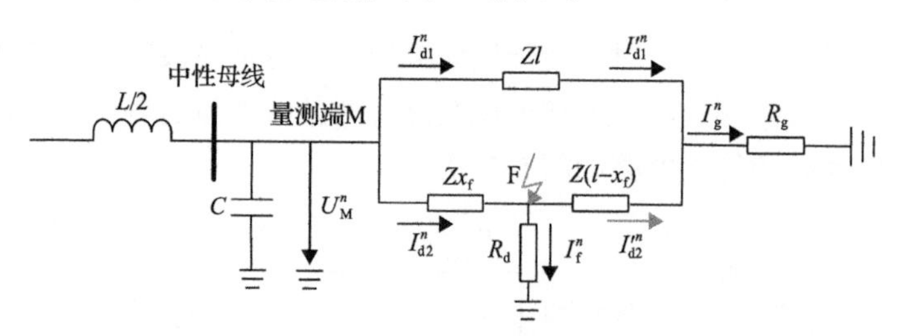

图 5.7　单线接地故障时等效电路图

其中，x_{f} 为线路上故障点 F 与量测端 M 之间的距离；R_{d} 为过渡电阻；I_{f}^n 为故障电流的 n 次特征谐波分量。

经 Δ-Y 连接等效变换和简化后的接地极电流等效电路如图 5.8 所示。

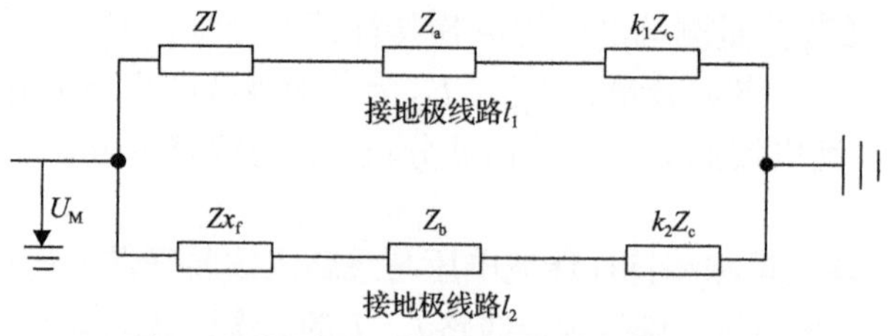

图 5.8　单线接地故障时简化后等效电路图

图 5.8 中 Z_a、Z_b、Z_c 如式(5-7)所示，k_1、k_2 如式(5-8)所示。

$$\begin{cases} Z_a = \dfrac{R_g Z(l-x_f)}{Z(l-x_f)+R_g+R_d} \\ Z_b = \dfrac{R_d Z(l-x_f)}{Z(l-x_f)+R_g+R_d} \\ Z_c = \dfrac{R_g R_d}{Z(l-x_f)+R_g+R_d} \end{cases} \tag{5-7}$$

$$\begin{cases} k_1 = \dfrac{Z(l+x_f)+Z_a+Z_b}{Z^n x_f + Z_b} \\ k_2 = \dfrac{Z(l+x_f)+Z_a+Z_b}{Zl+Z_a} \end{cases} \tag{5-8}$$

因此，根据上述分析及图 5.8，在接地极线路 l_2 发生单线接地故障时，两条线路的特征谐波测量阻抗如式(5-9)所示。接地极线路 l_1 故障时同理，在此不再赘述。

$$\begin{cases} Z_{F1}^n = Z^n l + \dfrac{R_g Z^n(l-x_f)+k_1 R_d R_g}{Z^n(l-x_f)+R_g+R_d} \\ Z_{F2}^n = Z^n x_f + \dfrac{R_d Z^n(l-x_f)+k_2 R_d R_g}{Z^n(l-x_f)+R_g+R_d} \end{cases} \tag{5-9}$$

式中，Z_{F1}^n、Z_{F2}^n 分别为故障发生时接地极线路 l_1、接地极线路 l_2 的 n 次谐波测量阻抗。

2) 单线断线故障

当接地极发生断线故障后，接地极系统的等效电路如图 5.9 所示。

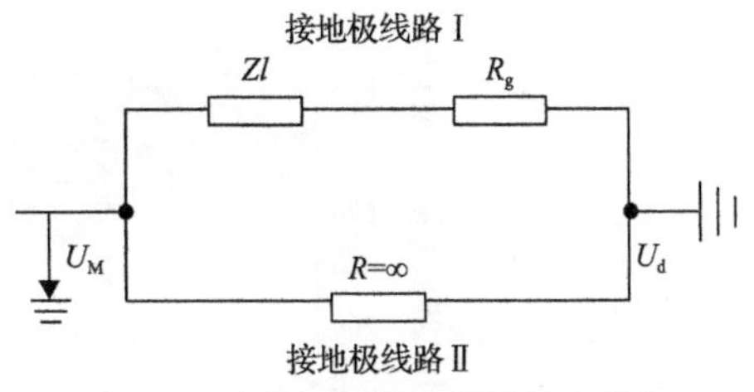

图 5.9　单线断线故障时等效电路图

在此情况下，接地极回路阻抗变大，随之，接地极线路首端电压和线路电流减小。非故障线路的等效谐波阻抗与正常运行时相比较变化不大，相差极址电阻 R_g；而由于特征谐波电流在故障线路中没有流通回路，迅速降低至接近 0，此时故障线路特征谐波阻抗为无穷大。

因此，根据上述分析及图 5.9，在接地极线路 l_2 发生断线故障时，两条线路的特征谐波测量阻抗如式(5-10)所示。接地极线路 l_1 故障时同理，在此不再赘述。

$$\begin{cases} Z_{\mathrm{F1}}^{n} = Z^{n} l + R_{\mathrm{g}} \\ Z_{\mathrm{F2}}^{n} = \infty \end{cases} \tag{5-10}$$

2. 接地极线路特征谐波测量阻抗特征分析

当接地极线路正常运行时，两条接地极线路特征谐波测量阻抗相同；而当线路发生单线接地故障时，接地极线路的等效电路会发生改变，由于接地极线路由双回并行的架空线路组成，故特征谐波测量阻抗总体呈感性，其特征主要由线路阻抗参数和等效电路决定。故障后两条线路特征谐波测量阻抗不同，且二者的差异与故障距离 x_{f} 和过渡电阻 R_{d} 有关；当线路发生断线故障时，故障线路的特征谐波测量值为∞，非故障线路的特征谐波阻抗与正常时相差极址电阻 R_{g}。下面重点分析单线接地故障条件下，接地极线路特征谐波测量阻抗随故障距离 x_{f}、过渡电阻 R_{d} 等因素的变化规律。

图 5.10、图 5.11 分别给出了接地极线路 l_2 发生单线接地故障时，在不同故障距离、不同过渡电阻的情况下，根据实际工程参数，通过式(5-9)计算得到的非故障线路及故障线路 12 次特征谐波测量阻抗的幅值和相角。接地极线路全长 100km，因此故障距离的取值为 x_{f}=0～100km；针对非金属性接地故障考虑最大过渡电阻为 200Ω，即过渡电阻的取值范围为 R_{d}=0～200Ω。

根据系统结构及相关参数，当系统正常运行时，接地极线路 12 次谐波测量阻抗幅值为 906.78∠88.33°Ω。由图 5.10、图 5.11 可以看出，当线路发生接地故障后，非故障线路 12 次谐波测量阻抗幅值变化范围为 890～980Ω，阻抗相角变化范围为 77.14°～88.36°，均在正常运行时的数值上下浮动，受故障影响较小。

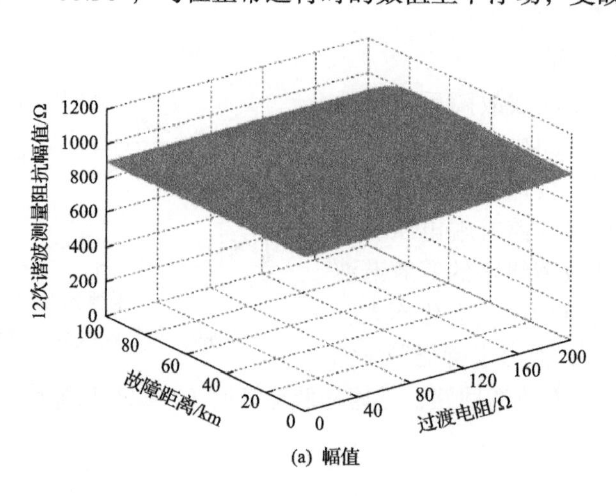

(a) 幅值

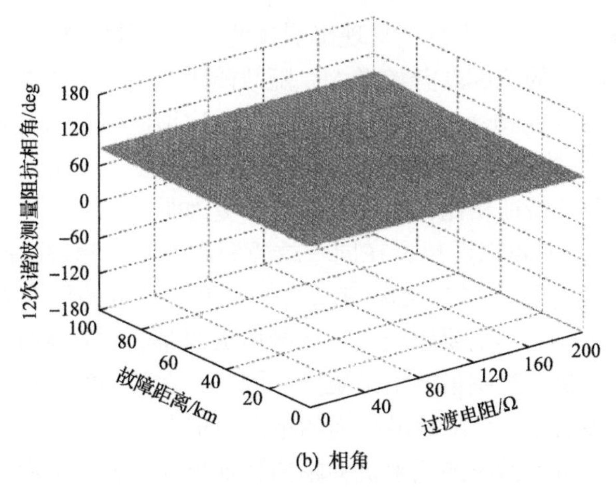

(b) 相角

图 5.10　非故障线路特征谐波测量阻抗的幅值和相角

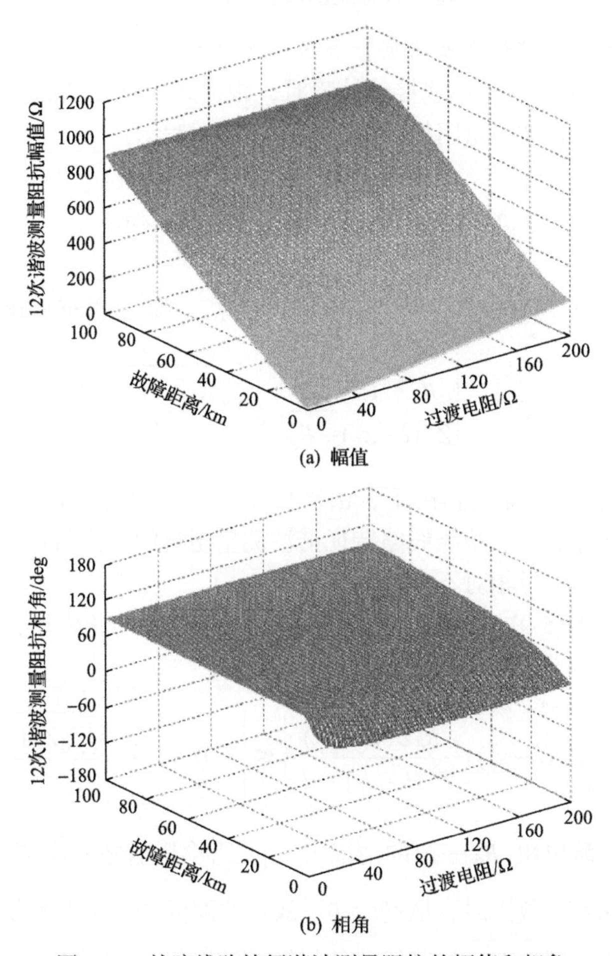

(a) 幅值

(b) 相角

图 5.11　故障线路特征谐波测量阻抗的幅值和相角

而故障线路 12 次谐波测量阻抗则呈现出明显的变化，其中 12 次谐波测量阻抗幅值从线路首端故障时的 9.04Ω 开始增大，随故障距离增大呈单调递增的趋势，最终在线路末端达到 895.10Ω，趋近于正常值；12 次谐波测量阻抗相角变化范围为 15.23°～88.36°，在故障距离较小时已趋近于正常状态。因此，与故障线路特征谐波测量阻抗相角的特征相比，其幅值的特征更为明显。

此外，由图 5.11 可以看出，在同一故障距离下，故障线路的特征谐波测量阻抗幅值随着过渡电阻的增加会略有增大，尤其是在故障距离较短(x_f<20km)时，该趋势更为明显。其主要原因是，在接地极线路近端故障时，过渡电阻对故障线路特征谐波测量阻抗幅值的贡献更大。同时，在某一特定的过渡电阻下，特征谐波测量阻抗幅值始终会随故障距离的增大而增大。

与相角相比，特征谐波测量阻抗的幅值特征更为明显，下面定量分析特征谐波测量阻抗的幅值与故障距离、过渡电阻的关系。

1) 故障距离 x_f 对特征谐波测量阻抗幅值的影响

当接地极线路 l_2 发生单线接地故障时，根据式(5-9)，非故障线路与正常运行时该线路的特征谐波测量阻抗的模之差可由下式表示：

$$\left|\Delta Z_1^n\right| = \left|\frac{R_d Z^n(l-x_f)+k_1 R_d R_g}{Z^n(l-x_f)+R_g+R_d} - 2R_g\right| \tag{5-11}$$

其中，极址电阻 R_g 通常较小，若忽略公式中的 R_g，则 $\left|\Delta Z_1^n\right|$ 可简化为

$$\left|\Delta Z_1^n\right| \approx \left|\frac{R_d Z^n(l-x_f)}{Z^n(l-x_f)+R_d}\right| \leqslant \left|\frac{\sqrt{R_d Z^n(l-x_f)}}{2}\right| \tag{5-12}$$

当过渡电阻 R_d 一定的情况下，由于公式（5-12）中进行开方运算，表明在线路发生接地故障后，非故障线路特征谐波测量阻抗的幅值与正常运行时特征谐波测量阻抗幅值的差异相对不大。

同理，根据式(5-9)，忽略极址电阻 R_g，故障线路与正常运行时该线路的特征谐波测量阻抗的模之差可以表示为

$$\left|\Delta Z_2^n\right| \approx \left|Z^n(l-x_f)+\frac{R_d Z^n(l-x_f)}{Z^n(l-x_f)+R_d}\right| \leqslant \left|Z^n(l-x_f)+\frac{\sqrt{R_d Z^n(l-x_f)}}{2}\right| \tag{5-13}$$

可见，当过渡电阻 R_d 一定的情况下，$\left|\Delta Z_2^n\right|$ 会随着故障距离 x_f 的增大而减小，当线路末端发生故障时，$\left|\Delta Z_2^n\right| \approx 0$，故障线路的特征谐波测量阻抗与正常运行时相等。因此，理论上，故障线路的特征谐波测量阻抗幅值随故障距离增大呈

单调递增的趋势。

2)过渡电阻 R_d 对特征谐波测量阻抗幅值的影响

由图 5.11(a)可看出，接地极线路特征谐波测量阻抗幅值在同一故障距离下并不恒定，尤其是在故障距离较短时，曲线有很明显的倾斜。

将接地极线路参数、极址电阻、线路长度等已知量代入式(5-9)进行计算，求取在任一故障距离下，由过渡电阻导致的故障线路/非故障线路特征谐波测量阻抗幅值的极差。图 5.12 给出该极差值随故障距离变化的曲线。

由图 5.12 可以看出，故障距离越小，过渡电阻对故障线路特征谐波测量阻抗的幅值影响越大，因此在故障距离较短时，故障线路特征谐波测量阻抗幅值的曲面会产生明显倾角。

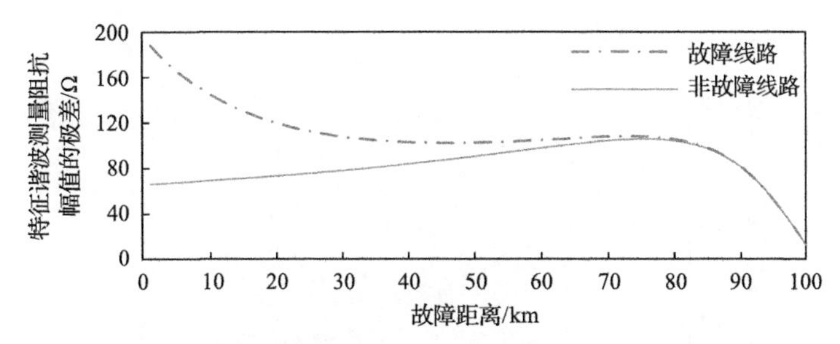

图 5.12 不同故障距离下特征谐波测量阻抗幅值的极差

5.3.2 保护判据

当接地极线路正常运行时，两条线路的 12 次谐波测量阻抗相同。当线路发生接地故障后，非故障线路 12 次谐波测量阻抗幅值受故障的影响较小，在正常值附近；而故障线路 12 次谐波测量阻抗幅值呈现出明显的变化，且随故障距离增大呈单调递增的趋势。因此，可利用故障后两条线路特征谐波测量阻抗幅值之间的显著差异识别接地极线路故障。

为了减小线路高频参数变化、量测误差及信号噪声对两条线路特征谐波测量阻抗幅值的影响，提高判据灵敏度，利用两条线路特征谐波测量阻抗幅值的最小值与最大值之比 k_F 进行故障判别，其计算式如式(5-14)所示。

$$k_F = \frac{\min(|Z_{F1}^{12}|, |Z_{F2}^{12}|)}{\max(|Z_{F1}^{12}|, |Z_{F2}^{12}|)} = \left| \frac{R_d l + R_g x_f - Z x_f^2 + Z l x_f}{R_d l + 2R_g l - R_g x_f + Z l^2 - Z l x_f} \right| \tag{5-14}$$

式中，$|Z_{F1}^{12}|$、$|Z_{F2}^{12}|$ 分别为接地极线路发生故障后，线路 l_1、l_2 的 12 次谐波测量阻抗幅值；min 表示取最小值运算；max 表示取最大值运算。

图 5.13 给出接地极线路发生单线接地故障时，在不同故障距离、不同过渡电阻下，通过式(5-10)计算得到的线路特征谐波测量阻抗幅值比。其中，取 $x_f=0\sim l(l=100\text{km})$；$R_d=0\sim200\Omega$。

当接地极线路正常运行时，由于接地极线路采取双导线并联的方式，理论上两条线路的各项参数是相等的，若不考虑测量误差、噪声干扰等因素，两条线路的谐波测量阻抗幅值会维持在相同的数值，其比值恒为常数 1；而接地极线路发生接地故障时，由图 5.13 可看出，两条线路特征谐波测量阻抗幅值中最小值与最大值之比为小于等于 1 的常数。因此，当两条线路特征谐波测量阻抗幅值中最小值与最大值之比低于某一小于 1 的正值时，可判别接地极线路故障，故障判据如式(5-15)所示。

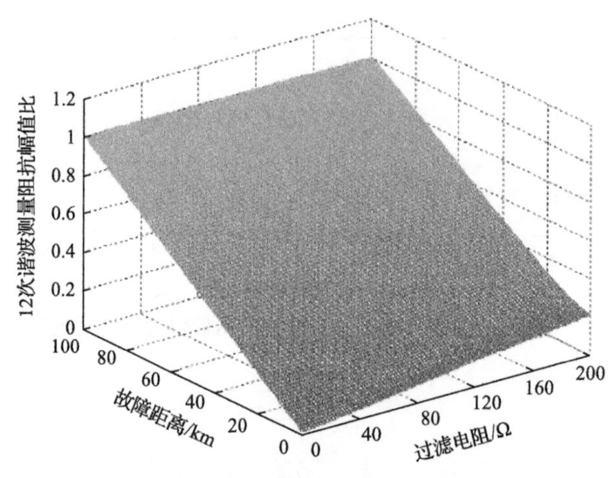

图 5.13　线路特征谐波测量阻抗幅值比

$$k_F=\frac{\min(\left|Z_{F1}^{12}\right|,\left|Z_{F2}^{12}\right|)}{\max(\left|Z_{F1}^{12}\right|,\left|Z_{F2}^{12}\right|)}<k_{set} \tag{5-15}$$

式中，k_{set} 为特征谐波测量阻抗幅值比的整定值。

根据定义，接地极系统量测端特征谐波电压与线路入线特征谐波电流的比值为该条线路的特征谐波测量阻抗，在接地极线路长度、极址电阻恒定的条件下，其值大小仅与故障距离、过渡电阻有关，而不受网侧系统阻抗及故障暂态过程等因素的影响。理论上，在不考虑过渡电阻($R_d=0\ \Omega$)的情况下，保护整定值即反映保护距离占线路全长的比值；在考虑过渡电阻的情况下，由于过渡电阻对特征谐波阻抗值有一定的贡献，保护距离将略有减小。设定保护整定值时，期望在严苛的过渡电阻工况下保护方案能保护线路全长的 90%。令故障距离 $x_f=0.9l$，过渡电阻 $R_g=200\Omega$，代入上述条件及线路参数后，得到的特征谐波测量阻抗幅值比 k_F

为 0.928。同时，考虑到线路参数的准确性、外界干扰等因素对保护判据的影响，整定值最终可取为 0.95。

保护方案的具体流程如图 5.14 所示，首先需要提取电气量中的特征谐波分量。为了获取量测端电压、电流的 12 次谐波分量的幅值和相角，可通过傅里叶全波算法对量测信号进行处理，如式(5-16)所示。

$$\begin{cases} U^{12} = \sqrt{(U_{\mathrm{R}}^{12})^2 + \sqrt{(U_{\mathrm{I}}^{12})^2}} \\ \varphi^{12} = \arctan(U_{\mathrm{I}}^{12} / U_{\mathrm{R}}^{12}) \end{cases} \tag{5-16}$$

式中

$$\begin{cases} U_{\mathrm{R}}^{12} = \dfrac{2}{N}\sum_{k=1}^{N} u_k \sin\left(12k \cdot \dfrac{2\pi}{N}\right) \\ U_{\mathrm{I}}^{12} = \dfrac{2}{N}\sum_{k=1}^{N} u_k \cos\left(12k \cdot \dfrac{2\pi}{N}\right) \end{cases} \tag{5-17}$$

其中，U^{12} 为 12 次谐波分量的幅值；φ^{12} 为 12 次谐波分量的初相角；U_{R}^{12}、U_{I}^{12} 为 12 次谐波分量的实部和虚部；u_k 为离散信号序列；N 为一工频周期采样数目。

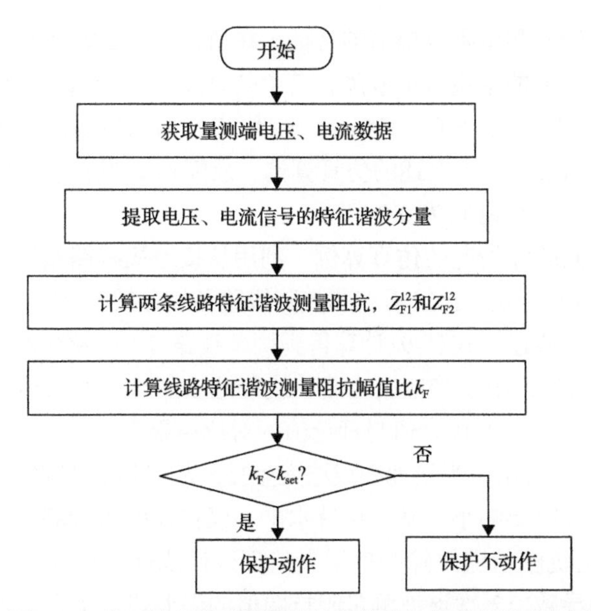

图 5.14　基于特征谐波测量阻抗的接地极线路保护流程图

理论上，为获取 12 次谐波(600Hz)的电压、电流值，1.2kHz 的采样频率即可满足要求，因此该方法对采样率要求较低。综合考虑工程实际，适当地提高采样频率可以提高采样信号的准确性，确保保护动作的可靠性。

随后，根据接地极线路首端的 12 次谐波电压和接地极线路的 12 次谐波电流通过式(5-6)计算出两条线路 12 次谐波测量阻抗值 Z_{F1}^{12}、Z_{F1}^{12}，并通过式(5-14)计算出两条接地极线路的特征谐波测量阻抗幅值中最小值与最大值之比，即特征谐波测量阻抗幅值比 k_{F}。

最后，将特征谐波测量阻抗幅值比 k_{F} 与设定的特征谐波测量阻抗幅值比阈值 k_{set} 进行比较；如 $k_{\mathrm{F}} \leqslant k_{\mathrm{set}}$，则判定接地极线路发生接地故障；否则，判定接地极线路运行正常。

5.3.3 仿真验证

在 PSCAD/EMTDC 软件搭建含接地极系统的±800kV/5kA 双极高压直流输电系统仿真模型，对接地极线路进行不同故障工况下的仿真，改变故障位置、过渡电阻及信号噪声等条件，利用线路的特征谐波测量阻抗幅值比识别接地极线路故障，验证所提的基于特征谐波测量阻抗的接地极线路保护方法的准确性。设置电压、电流的采样频率为 10kHz，保护整定值 k_{set} 取 0.95。

1. 特征谐波测量阻抗特征验证

为验证特征谐波测量阻抗幅值的特征，在所采用的仿真系统中对接地极线路设置不同故障工况下的单线接地故障，其中仿真条件的变量为故障距离及过渡电阻，故障距离变化范围为 0～100km，变化步长为 10km；过渡电阻取 0Ω、20Ω、100Ω 及 200Ω。对于上述的仿真算例，故障点 F 设在接地极线路 l_2 上，故障起始时间为 3s，持续时间为 0.5s。

针对以上不同故障情况的仿真算例，利用从接地极线路量测端电压、电流中提取到的 12 次谐波分量，计算得到非故障线路及故障线路 12 次特征谐波测量阻抗的幅值；同时，通过公式(5-9)计算得到两条线路 12 次特征谐波测量阻抗幅值的理论值。图 5.15 给出了接地极线路单线接地故障时，非故障线路及故障线路 12 次谐波测量阻抗幅值的仿真值与理论值的对比结果。

由图 5.15 可以看出，当接地极线路发生接地故障后，非故障线路 12 次谐波测量阻抗幅值受故障影响小，基本保持水平，仅在线路末端略有下降；故障线路 12 次谐波测量阻抗幅值随故障距离增大呈现近似线性单调递增的趋势。同时，过渡电阻增加会导致 12 次谐波测量阻抗幅值的误差略有上升，但整体上影响较小。仿真结果与理论分析基本一致。

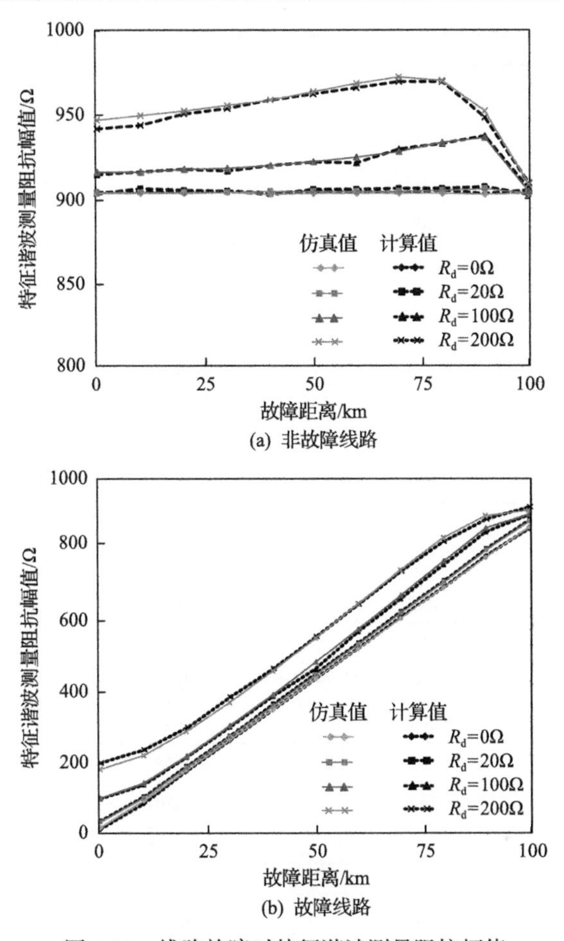

图 5.15 线路故障时特征谐波测量阻抗幅值

2. 特征谐波测量阻抗保护方案适应性分析

为验证基于特征谐波测量阻抗保护方案的原理在不同故障工况下的适应性，在不同故障距离、过渡电阻、信号噪声及区外故障的情况下进行仿真。

1) 过渡电阻与故障距离对故障判别的影响

表 5.3 中给出了接地极线路 l_2 在不同故障距离、不同过渡电阻情况下发生接地故障时判据的仿真结果。接地极线路长为 100km，非金属性接地故障的最大过渡电阻设定为 200Ω。表中“√”表示保护动作，“×”表示保护不动作。

由表 5.3 可知，利用基于特征谐波测量阻抗的故障判别方法，当接地极线路发生过渡电阻小于 200Ω 的单线接地故障时，在 90%线路全长以内，两条线路 12 次谐波测量阻抗幅值比均低于整定值，能够可靠识别出故障；在线路极址点附近发生故障时，不论是金属性接地故障还是高阻接地故障，由于两条线路特征谐波

表 5.3　接地极线路经不同故障距离和过渡电阻故障下的仿真结果

故障距离/km	过渡电阻/Ω	k_F	故障判别结果
5	0	0.049	√
	100	0.125	√
	200	0.217	√
10	0	0.092	√
	100	0.153	√
	200	0.241	√
20	0	0.164	√
	100	0.219	√
	200	0.286	√
30	0	0.275	√
	100	0.331	√
	200	0.391	√
40	0	0.386	√
	100	0.425	√
	200	0.471	√
50	0	0.485	√
	100	0.507	√
	200	0.559	√
60	0	0.571	√
	100	0.618	√
	200	0.647	√
70	0	0.688	√
	100	0.715	√
	200	0.735	√
80	0	0.776	√
	100	0.811	√
	200	0.822	√
90	0	0.890	√
	100	0.906	√
	200	0.926	√
100	0	0.996	×
	100	0.992	×
	200	0.986	×

测量阻抗值近似相等，故谐波测量阻抗幅值比大于整定值，不能判别出故障。但是接地极线路在靠近极址点发生接地故障时，故障点离高压直流换流站有一定距离，且此时故障电流较小，对系统运行的安全稳定性影响较小，故基于特征谐波测量阻抗的保护原理可以满足系统对接地极线路保护的要求。

上述仿真分析表明，过渡电阻增大会导致两条线路 12 次谐波测量阻抗比值变大，尤其是在故障距离较短时，主要是由于接地极线路特征谐波测量阻抗由线路等效电路中的阻抗参数和故障距离决定，而过渡电阻的变化对等效电路参数有一定影响，但并不影响故障判别结果。因此，基于特征谐波测量阻抗的保护原理具有一定的抗过渡电阻能力。

2）信号噪声对故障判别的影响

基于特征谐波测量阻抗的保护原理，采用谐波量作为保护判据，采样后的谐波电压、电流易受到噪声的干扰。为验证保护原理的抗干扰能力，在仿真获得的线路量测电压、电流数据中分别加入信噪比为 10dB、20dB 的高斯噪声，表 5.4 给出了在不同噪声条件下接地极线路 l_2 发生接地故障时的判据结果。其中故障距离分别为距中性母线量测端 10km、20km、40km、60km 及 80km，过渡电阻取 2Ω 和 200Ω。

表 5.4　接地极线路在不同故障距离和噪声条件下的仿真结果

故障距离/km	信噪比/dB	过渡电阻/Ω	k_F	故障判别结果
10	10	2	0.110	√
		200	0.258	√
	20	2	0.123	√
		200	0.273	√
20	10	2	0.208	√
		200	0.298	√
	20	2	0.221	√
		200	0.305	√
40	10	2	0.396	√
		200	0.477	√
	20	2	0.424	√
		200	0.486	√
60	10	2	0.605	√
		200	0.651	√
	20	2	0.630	√
		200	0.673	√

续表

故障距离/km	信噪比/dB	过渡电阻/Ω	k_F	故障判别结果
80	10	2	0.793	√
		200	0.836	√
	20	2	0.823	√
		200	0.869	√

由表 5.4 可知，当量测信号受噪声干扰时，两条接地极线路特征谐波测量阻抗的比值较无噪声干扰时略有增大，但不会影响故障辨别结果。

3) 区外故障对故障判别的影响

基于特征谐波测量阻抗的保护是利用接地极线路特征谐波测量阻抗在故障前后的差异构造保护判据，判据仅与线路阻抗参数和等效电路有关。当接地极系统发生区外故障时，接地极线路参数和系统的等效电路与正常运行时一致，两条接地极线路的特征谐波测量阻抗不受影响，因此保护理论上不会误动。为了考查区外故障对故障判别的影响情况，分别设高压直流输电系统在正极直流母线、整流侧平波电抗器与换流器之间以及交流母线处发生短路故障，相应的仿真结果如表 5.5 所示。

表 5.5　接地极线路在不同区外故障下的仿真结果

故障位置/故障类型		k_F	故障判别结果
直流母线短路故障		0.997	×
平波电抗器与换流器之间短路故障		0.995	×
整流侧交流母线处	单相短路	0.998	×
	两相短路	0.994	×
	三相短路	0.990	×
逆变侧交流母线处	单相短路	0.996	×
	两相短路	0.995	×
	三相短路	0.992	×

由表 5.5 可知，当接地极系统发生区外故障时，两条线路特征谐波测量阻抗的比值接近常数 1，远大于保护整定值，即不满足故障判据的条件，保护不动作。由此可见，在发生区外故障时，保护的选择性可以得到保证。

3. 特征谐波测量阻抗保护方案与传统电流不平衡保护的对比分析

对比分析传统电流不平衡保护原理与基于特征谐波测量阻抗的保护原理的性

能，图 5.16 及图 5.17 给出了两种保护原理在接地极线路故障时，各个判据的仿真结果。其中故障距离为 20km，过渡电阻分别为 0Ω、20Ω、50Ω 及 100Ω。

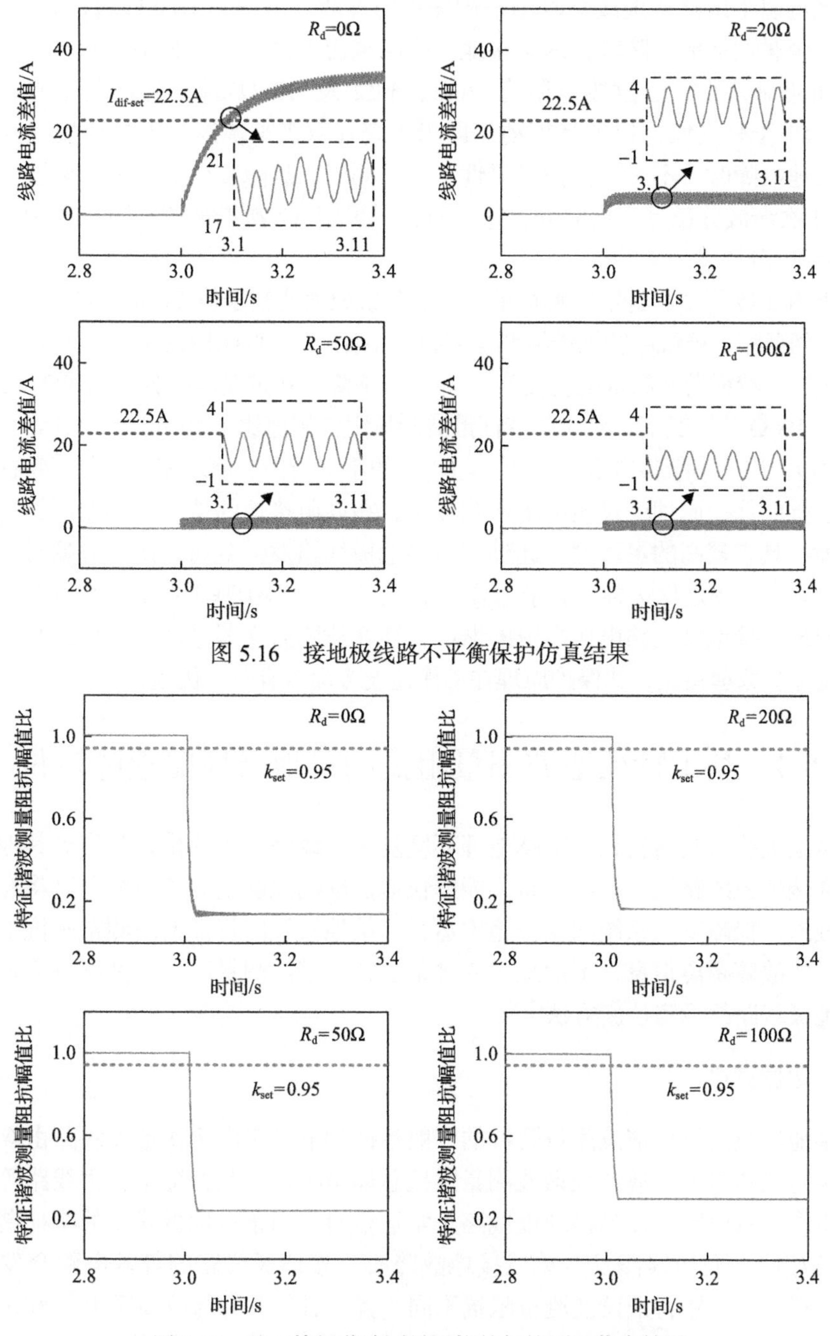

图 5.16　接地极线路不平衡保护仿真结果

图 5.17　基于特征谐波测量阻抗的保护原理仿真结果

高肇、兴安等实际直流保护系统在双极平衡运行方式下，接地极线路电流不平衡保护的整定值 I_{dif_set} 为 22.5A。因此，采用 22.5A 作为整定参考值来观察不同过渡电阻下线路接地故障时不平衡保护的性能。由图 5.16 可以看出，当线路出现非金属性接地故障时，两条接地极线路电流差值增大，其幅值随着过渡电阻增大而明显减小，当过渡电阻为 20Ω、50Ω 及 100Ω 时，线路电流差值不足 4A，远小于整定值，保护将拒动。即当系统在双极平衡运行下接地极线路发生高阻接地故障时，不平衡保护可靠性不足。同时，故障发生后，电流谐波含量增大，12 次谐波分量是主导成分，这也验证了采用 12 次谐波测量阻抗作为保护判据具有可行性。

由图 5.17 可知，选取的特征谐波测量阻抗幅值比整定值 k_{set} 为 0.95，在故障发生前，两条接地极线路特征谐波测量阻抗幅值比 k_F 一直保持在常数 1 附近；当故障发生后，特征谐波测量阻抗幅值比 k_F 迅速下降，在过渡电阻分别为 0Ω、20Ω、50Ω 及 100Ω 的情况下，对应的特征谐波测量阻抗幅值比 k_F 为 0.164、0.182、0.203 及 0.219，均远小于整定值。因此，与传统的不平衡保护原理相比，基于特征谐波测量阻抗的保护原理受过渡电阻影响较小，在高阻接地的情况下仍能可靠地判别出故障，具有较高的灵敏度。此外，当接地极线路发生金属性接地故障时，不平衡电流升高至满足保护判据要求需要 0.1s 左右。而对于基于特征谐波测量阻抗的保护原理，接地极线路电压电流的谐波特性在故障后立即呈现。可见，与传统的不平衡保护原理相比，此保护原理在动作速度方面具有一定优越性。

5.4　基于特征谐波测量阻抗的接地极线路故障定位

接地极线路距离较长、跨越地理环境复杂，线路故障的排查工作极其困难，因此在接地极线路发生故障后希望能够快速、准确地确定故障位置，这将有利于故障处理，保障直流系统的安全稳定运行。接地极线路特征谐波测量阻抗中蕴含了丰富的故障距离信息，下面提出一种基于特征谐波测量阻抗的高压直流输电系统接地极线路故障定位新方法[5,6]。

5.4.1　定位算法

接地极线路特征谐波测量阻抗的一般特征如下。①由于接地极线路由双回并行的架空线路组成，故特征谐波测量阻抗总体呈感性，其特征主要由线路等效电路及阻抗参数决定。②当接地极线路正常运行时，两条接地极线路的特征谐波测量阻抗相同；而当线路发生单线接地故障时，接地极线路的等效电路会发生改变，使得两条线路特征谐波测量阻抗不同，且二者的差异与故障距离 x_f 和过渡电阻 R_d 有关；当线路发生断线故障时，故障线路的特征谐波测量值为∞，非故障线路的特征谐波测量阻抗与正常时相差极址电阻 R_g。因此，接地极线路特征谐波测量阻抗中蕴含了网络拓扑结构、故障类型、故障点位置、故障过渡电阻等在内的丰富的故障特征信息，通过深入挖掘并分析线路特征谐波测量阻抗的特征信息，可实现接地极线路故障的有效定位。

1. 故障支路判定方案

接地极系统理论上由两条参数完全相同的线路并联而成。因此，当接地极线路发生单线接地故障时，首先需要确定故障支路，随后计算故障距离，得出在该条支路上某处发生故障的定位结果。

接地极线路发生接地故障时，故障线路特征谐波测量阻抗幅值与非故障线路特征谐波测量阻抗幅值比为远小于 1 的常数，仅在线路极址点附近发生故障时，两条线路特征谐波测量阻抗幅值比接近 1。

在此基础上，采用两条线路特征谐波测量阻抗幅值之比 k 作为故障支路选取判据。

$$k = \frac{\left|Z_{\mathrm{F1}}^{12}\right|}{\left|Z_{\mathrm{F2}}^{12}\right|} \tag{5-18}$$

式中，k 为接地极线路 l_1 的 12 次谐波测量阻抗幅值 $\left|Z_{\mathrm{F1}}^{12}\right|$ 与接地极线路 l_2 的 12 次谐波测量阻抗幅值 $\left|Z_{\mathrm{F2}}^{12}\right|$ 之比。

若 $k < k'_{\mathrm{set}}$，则故障发生在接地极线路 l_1 上；若 $1/k < k'_{\mathrm{set}}$，故障发生在线路 l_2 上；否则，故障发生在极址点附近。k'_{set} 为故障支路判定判据的整定值，考虑到接地极线路参数的准确性、外界干扰等因素对判据的影响，该值取 0.95。

2. 故障测距函数

确定故障支路后，利用量测端特征谐波电压和入线电流计算得到两条线路的特征谐波测量阻抗，接着构造并求解故障定位函数，从而得到故障距离，具体推导过程如下所述。

将式(5-7)、式(5-8)代入式(5-9)并化简，可以得到当接地极线路 l_2 发生单线接地故障时，两条线路特征谐波测量阻抗的表达式。

$$\begin{cases} Z_{\mathrm{F1}}^{12} = \dfrac{Z_x}{R_{\mathrm{d}}l + R_{\mathrm{g}}x_{\mathrm{f}} - (Z^{12})x_{\mathrm{f}}{}^2 + (Z^{12})lx_{\mathrm{f}}} \\ Z_{\mathrm{F2}}^{12} = \dfrac{Z_x}{R_{\mathrm{d}}l + 2R_{\mathrm{g}}l - R_{\mathrm{g}}x_{\mathrm{f}} + (Z^{12})l(l - x_{\mathrm{f}})} \end{cases} \tag{5-19}$$

其中

$$Z_x = [(Z^{12})^2 l^2 x_\mathrm{f} - (Z^{12})^2 l x_\mathrm{f}^2 + R_\mathrm{d}(Z^{12}) l^2 + 2R_\mathrm{g}(Z^{12}) l x_\mathrm{f} - R_\mathrm{g}(Z^{12}) x_\mathrm{f}^2 + 2R_\mathrm{d} R_\mathrm{g} l] \tag{5-20}$$

式中，Z^{12}为接地极线路单位长度12次特征谐波阻抗。

对式(5-19)中两项联立求解，可消去未知量过渡电阻R_d，得到下式：

$$Z_\mathrm{F2}^{12} = \frac{R_\mathrm{g} Z_\mathrm{F1}^{12} x_\mathrm{f}}{(Z^{12} l - Z_\mathrm{F1}^{12})(l - x_\mathrm{f}) + 2R_\mathrm{g} l - R_\mathrm{g} x_\mathrm{f}} \tag{5-21}$$

在式(5-21)中，故障发生时接地极线路l_1、l_2的12次谐波测量阻抗Z_F1^{12}、Z_F2^{12}利用接地极系统量测端电压和两条接地极线路入线电流可以得到，线路参数即单位特征谐波阻抗Z^{12}、线路长度l均为已知量，极址电阻R_g可以通过故障前量测端录波数据计算，具体方法如下。

利用量测端数据求取电压、电流的直流分量时，电气量的直流分量可用量测端录波数据的长时窗平均值来代替，故接地极系统的总等效电阻R_Z可表示为

$$R_\mathrm{Z} = \frac{\bar{U}_\mathrm{M}}{\bar{I}_\mathrm{d1} + \bar{I}_\mathrm{d2}} \tag{5-22}$$

式中

$$\bar{U}_\mathrm{M} = \frac{1}{N}\sum_{n=1}^{N} u_\mathrm{M}(n) \tag{5-23}$$

$$\bar{I}_\mathrm{d1} = \frac{1}{N}\sum_{n=1}^{N} i_\mathrm{d1}(n) \tag{5-24}$$

$$\bar{I}_\mathrm{d2} = \frac{1}{N}\sum_{n=1}^{N} i_\mathrm{d2}(n) \tag{5-25}$$

其中，$\bar{I}_\mathrm{d1}$、$\bar{I}_\mathrm{d2}$、$\bar{U}_\mathrm{M}$分别表示两条接地极线路电流及量测端电压长时窗平均值；$i_\mathrm{d1}(n)$、$i_\mathrm{d2}(n)$、$u_\mathrm{M}(n)$分别表示两条接地极线路电流及量测端电压第n个采样点的瞬时值；N为长时窗的采样个数；n为采样点序列。

接地极极址电阻为接地极系统的总等效电阻减去线路的等效电阻，如式(5-26)表示：

$$R_\mathrm{g} = R_\mathrm{Z} - \frac{Rl}{2} = \frac{\bar{U}_\mathrm{M}}{\bar{I}_\mathrm{d1} + \bar{I}_\mathrm{d2}} - \frac{Rl}{2} \tag{5-26}$$

式中，R为线路单位长度的电阻值；l为接地极线路长度。

从而可构建不受过渡电阻影响的测距函数，如下式所示：

$$x_{\mathrm{f}}=\frac{Z_{\mathrm{F2}}^{12}l(Z^{12}l-Z_{\mathrm{F1}}^{12}+2R_{\mathrm{g}})}{Z_{\mathrm{F2}}^{12}Z^{12}l-Z_{\mathrm{F1}}^{12}Z_{\mathrm{F2}}^{12}+R_{\mathrm{g}}(Z_{\mathrm{F1}}^{12}+Z_{\mathrm{F2}}^{12})} \tag{5-27}$$

故障定位的具体流程如图 5.18 所示。

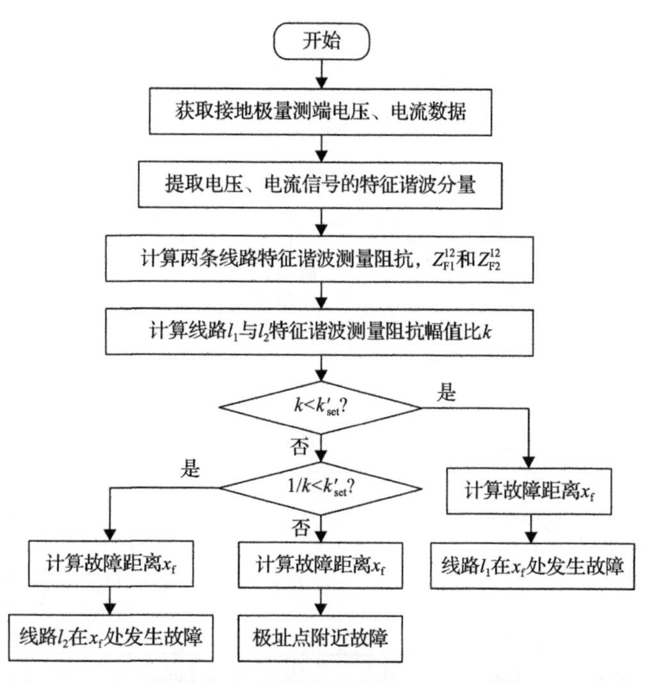

图 5.18 基于特征谐波测量阻抗的接地极线路故障定位流程图

此方案仅需要从接地极线路量测端录波数据中提取各电气信号的特征谐波分量，继而对两条接地极线路特征谐波测量阻抗进行相应计算便可实现故障支路判别和故障定位过程。从原理上克服过渡电阻对定位结果的影响，同时测距方程运算结果唯一，无须烦琐的搜索和迭代过程，算法简单[6]。

5.4.2 仿真验证

基于 PSCAD/EMTDC 仿真模型对接地极线路进行不同故障工况下的单线接地故障仿真，改变故障位置、过渡电阻及信号噪声等条件，利用基于线路特征谐波测量阻抗值的测距函数计算故障距离，验证基于特征谐波测量阻抗的故障定位方法的准确性。

1. 典型算例分析

设置接地极线路 l_2 在 1s 时发生单线接地故障，故障距离 x_{f}=30km，过渡电阻

R_d分别为 0Ω、100Ω 及 200Ω，接地极系统量测端电压及接地极线路电流 12 次谐波分量的幅值和相位如图 5.19～图 5.21 所示。

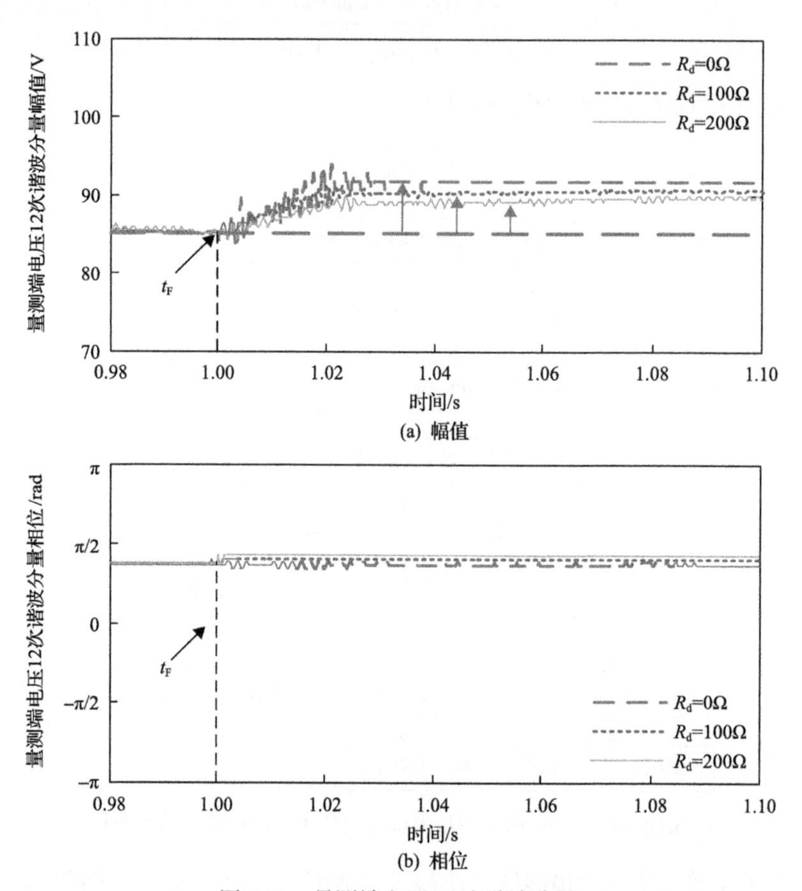

(a) 幅值

(b) 相位

图 5.19　量测端电压 12 次谐波分量

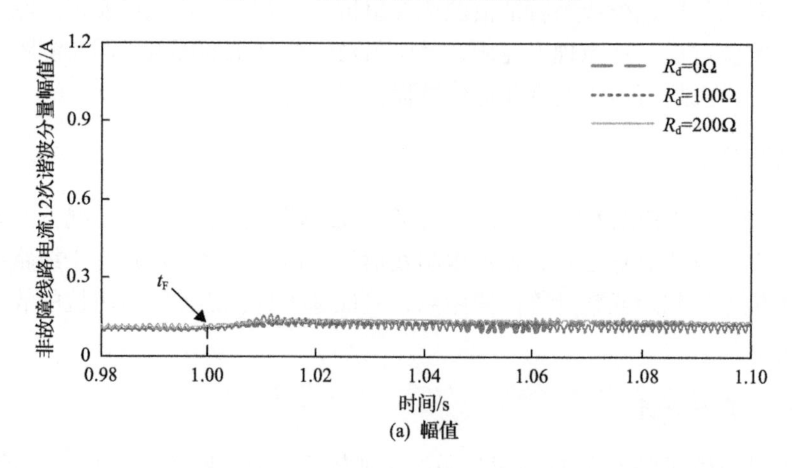

(a) 幅值

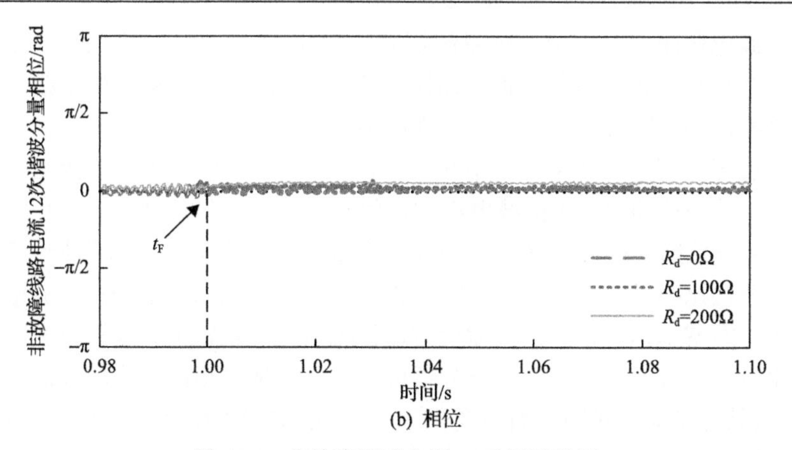

(b) 相位

图 5.20 非故障线路电流 12 次谐波分量

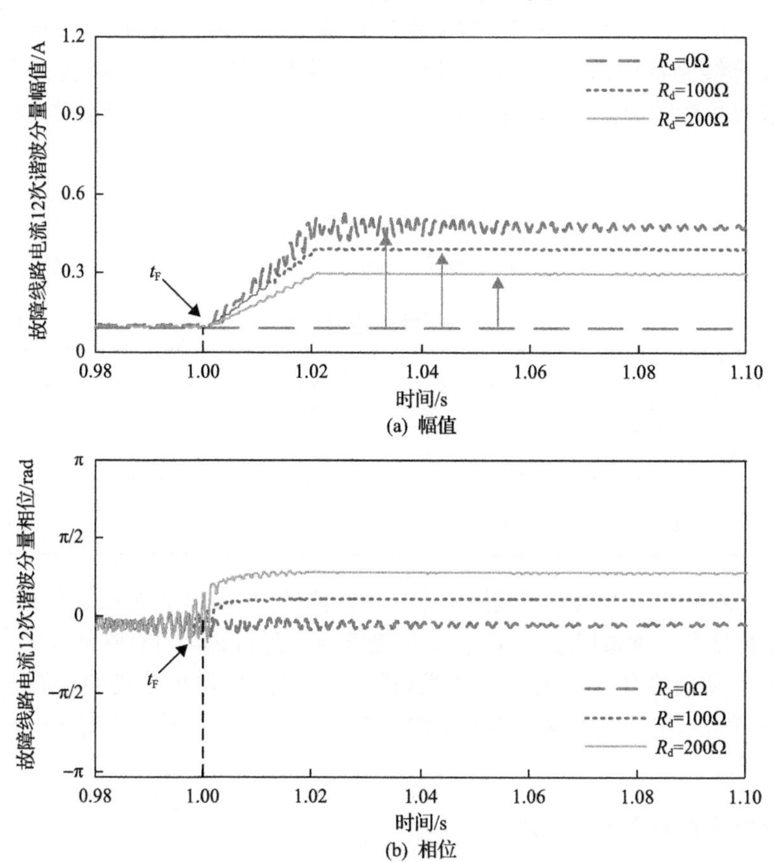

(b) 相位

图 5.21 故障线路电流 12 次谐波分量

由图 5.19 可以看出，在接地极线路发生故障后，其量测端 12 次谐波电压的幅值有轻微波动，在 0.02s 后达到稳态，稳态值与正常值相比有一定程度的增大，且过渡电阻越大，幅值增加量越显著；12 次谐波电压的相位受故障的影响很小，基本维持在正常运行的值。由图 5.20 可以发现，在接地极线路发生故障后，非故障线路 12 次谐波电流的幅值及相位有轻微波动，但整体上受故障的影响较小，稳态值基本与正常运行值相同。由图 5.21 可以看出，在接地极线路发生故障后，故障线路 12 次谐波电流的幅值和相位有明显波动，且变化趋势均较为显著。故障线路 12 次谐波电流幅值在 0.02s 后达到稳态，故障后所达到的稳态值与正常值相比明显增大，且过渡电阻越小，幅值增加量越显著；谐波电流相位在 0.01s 左右基本达到稳态，故障后所达稳态值大于正常值，且过渡电阻越大，相位变化量越显著。通过以上综合分析可知，在接地极线路发生故障后，非故障线路 12 次特征谐波测量阻抗略微变化，而故障线路 12 次特征谐波测量阻抗显著变化，阻抗幅值和相角均减小，且其值包含过渡电阻的信息。

在上述仿真条件下，采用全波傅里叶算法提取电压、电流的 12 次特征谐波分量，计算线路特征谐波测量阻抗值，利用两者的比值判定故障支路并通过测距方程求解故障距离。具体的仿真计算结果如表 5.6 所示，其中相对定位误差定义为

$$\varepsilon=\left|\frac{\text{测量值}-\text{真实值}}{\text{线路全长}}\right|\times 100\% \tag{5-28}$$

表 5.6　故障定位结果

过渡电阻/Ω	Z_{F1}^{12} /Ω	Z_{F2}^{12} /Ω	故障支路判定	定位结果/km	相对定位误差/%
0	893.75∠88.3°	241.13∠86.8°	l_2	29.86	0.14
100	893.65∠88.3°	301.63∠62.3°	l_2	29.84	0.16
200	893.64∠88.3°	350.29∠43.2°	l_2	30.38	0.38

由表 5.6 可知，在典型仿真案例中，非故障线路 12 次特征谐波测量阻抗 Z_{F1}^{12} 故障后略微变化；而故障线路 12 次特征谐波测量阻抗 Z_{F2}^{12} 的幅值显著减小，过渡电阻越小，幅值变化量越大。虽然线路特征谐波测量阻抗会受到过渡电阻的影响，但本章所提定位方法从原理上消除过渡电阻的影响，最大相对定位误差不超过 0.4%。

2. 故障支路判定方案验证

表 5.7 给出了接地极线路在不同故障距离、不同过渡电阻情况下发生单线接地故障时，故障支路判定方法的结果。表中故障位置以量测端为起始点，故障支路选取判据的整定值 k'_{set} 取 0.95。

表 5.7 接地极线路经不同故障距离和过渡电阻故障下的故障支路判定结果

故障支路	故障距离/km	过渡电阻/Ω	k	$1/k$	故障支路判定	判定结果
l_1	20	0	0.164	6.098	l_1	正确
		100	0.219	4.566	l_1	正确
		200	0.286	3.497	l_1	正确
	40	0	0.386	2.591	l_1	正确
		100	0.425	2.353	l_1	正确
		200	0.471	2.123	l_1	正确
	60	0	0.571	1.751	l_1	正确
		100	0.618	1.618	l_1	正确
		200	0.647	1.546	l_1	正确
	80	0	0.776	1.289	l_1	正确
		100	0.811	1.233	l_1	正确
		200	0.822	1.217	l_1	正确
l_2	30	0	3.636	0.275	l_2	正确
		100	3.021	0.331	l_2	正确
		200	2.558	0.391	l_2	正确
	50	0	2.062	0.485	l_2	正确
		100	1.972	0.507	l_2	正确
		200	1.789	0.559	l_2	正确
	70	0	1.453	0.688	l_2	正确
		100	1.399	0.715	l_2	正确
		200	1.361	0.735	l_2	正确
	90	0	1.124	0.890	l_2	正确
		100	1.104	0.906	l_2	正确
		200	1.078	0.926	l_2	正确
极址点	100	0	0.996	1.004	G	正确
		100	1.008	0.992	G	正确
		200	0.986	1.014	G	正确

由表 5.7 可知，当接地极线路在线路全长以内发生故障时，故障线路与非故障线路特征谐波测量阻抗幅值比明显低于整定值，能够可靠地判定出故障线路；在

线路极址点附近发生故障时，两条线路特征谐波测量阻抗幅值近似相等，特征谐波测量阻抗幅值比接近 1，判定故障位置位于极址点附近。基于特征谐波测量阻抗的故障支路判定的方法受故障位置和过渡电阻影响小，在接地极线路近全长范围内发生高阻接地故障的情况下仍能够可靠地判断出故障支路，克服了已有方法在发生高阻接地故障时由于两条线路电流差别小而导致的误判问题。

3. 定位方案适应性分析

为验证基于特征谐波测量阻抗的故障定位方法在不同故障工况下的适应性，在不同故障距离、过渡电阻、信号噪声的情况下进行仿真。

1) 故障距离和过渡电阻对定位方法的影响

表 5.8 中给出接地极线路 l_2 在不同故障距离、不同过渡电阻情况下发生接地故障时基于特征谐波测量阻抗的定位方法的仿真结果。

表 5.8 接地极线路经不同故障距离和过渡电阻故障下的仿真结果

故障距离/km	过渡电阻/Ω	故障支路判定	定位结果/km	相对定位误差/%
10	0	l_2	9.95	0.05
	100	l_2	10.12	0.12
	200	l_2	9.89	0.11
20	0	l_2	20.13	0.13
	100	l_2	19.85	0.15
	200	l_2	19.82	0.18
30	0	l_2	29.86	0.14
	100	l_2	29.84	0.16
	200	l_2	30.38	0.38
40	0	l_2	40.19	0.19
	100	l_2	40.29	0.29
	200	l_2	40.23	0.23
50	0	l_2	50.18	0.18
	100	l_2	49.78	0.22
	200	l_2	50.28	0.28
60	0	l_2	59.84	0.16
	100	l_2	60.21	0.21
	200	l_2	59.85	0.15
70	0	l_2	70.36	0.36
	100	l_2	69.62	0.38
	200	l_2	70.37	0.37

续表

故障距离/km	过渡电阻/Ω	故障支路判定	定位结果/km	相对定位误差/%
80	0	l_2	80.42	0.42
	100	l_2	79.53	0.47
	200	l_2	79.57	0.43
90	0	l_2	89.28	0.72
	100	l_2	89.05	0.95
	200	l_2	90.71	0.71
100	0	G	99.03	0.97
	100	G	101.32	1.32
	200	G	100.95	0.95

由表 5.8 可知，当接地极线路发生单线接地故障时，基于特征谐波测量阻抗的方法在线路全长范围内，定位结果受故障位置和过渡电阻影响很小，定位精度较高。在故障距离小于 90%线路全长时定位结果绝对误差小于 1km，全线相对定位误差保持在 1.4%以内，满足工程对定位精度的要求。当故障位置在线路极址点附近，虽然无法明确判定故障所在的支路，但是对定位结果的影响不大，运维人员在排除故障、修复线路时需要分别检查两条线路上对应的故障位置。

2)信号噪声对定位方法的影响

基于特征谐波测量阻抗的定位方法采用谐波量作为计算量。由于线路故障时录波数据中可能存在干扰，为验证基于特征谐波测量阻抗的故障定位方法的抗干扰能力，模拟较为真实的系统运行条件，在仿真获得的线路量测电压、电流数据中分别加入了信噪比为 10dB、20dB 的高斯噪声。表 5.9 给出了接地极线路 l_2 发生接地故障时，特征谐波测量量含有不同噪声条件下基于特征谐波测量阻抗的故障定位方法的仿真结果，其中故障距离分别为距中性母线量测端 15km、40km、65km 及 90km，过渡电阻取 2Ω。

表 5.9 接地极线路在不同噪声条件下的仿真结果

故障距离/km	信噪比/dB	故障支路判定	定位结果/km	相对定位误差/%
15	10	l_2	14.75	0.25
	20	l_2	15.14	0.14
40	10	l_2	40.49	0.49
	20	l_2	40.21	0.21
65	10	l_2	65.76	0.76
	20	l_2	65.57	0.57
90	10	l_2	91.53	1.53
	20	l_2	90.81	0.81

由表 5.9 可知，当线路信号混入噪声时，定位结果的相对误差比不含噪声时略有增大，且噪声越大，定位误差越大。但仿真结果表明，在噪声干扰的情况下，定位结果的最大误差依然可以保持在 1.6%以内，定位方法受信号噪声的影响较小。

5.5　本章小结

本章简要介绍了接地极系统的结构和故障特征，进而基于换流器运行产生的特征谐波信号，提出了基于特征谐波测量阻抗的接地极线路保护及故障定位方案。所提保护方案能够可靠地判别接地极线路近全长范围内的单线接地故障，受过渡电阻影响小，具有较强的抗噪声干扰能力；同时，该方案对采样率的要求不高，无须增加硬件设备，便于工程应用。所提定位算法从原理上消除了过渡电阻对故障定位的影响，且求解过程理论上不出现伪根，算法简单，易于实现，大量仿真结果表明，方法对故障位置、过渡电阻、信号噪声等因素具有较强的适应性，定位结果具有较高的精度。

参考文献

[1] 国家能源局. DL/T 437-2012 直流接地极技术导则[S]. 北京: 中国电力出版社, 2012.
[2] 朱韬析, 何方, 何烨勇. 南方电网直流输电系统接地极线路不平衡保护动作后果探讨[J]. 电力系统保护与控制, 2009, 37(15): 112-116.
[3] 曾祥君, 张玺, 阳韬. 高压直流输电系统接地极不平衡保护改进措施研究[J]. 电力系统保护与控制, 2014, 42(24): 132-137.
[4] 孙沛瑶, 林圣, 刘磊, 等. 基于特征谐波测量阻抗的 HVDC 接地极线路保护新原理[J]. 中国电机工程学报, 2019, 39(11): 3212-3221.
[5] Lin S, Liu L, Sun P Y, et al. Fault location algorithm based on characteristic-harmonic measured impedance for HVDC grounding electrode lines[J]. IEEE Transactions on Instrumentation and Measurement, 2020, 69(12): 9578-9585.
[6] 孙沛瑶. 高压直流输电接地极线路保护与故障定位方法[D]. 成都: 西南交通大学, 2020.

附　录

故障时刻/s	故障类型	I_Y/p.u.	I_D/ p.u.	I_{dH}/ p.u.	I_{acY}/ p.u.	$I_{dN}-I_{dH}$/ p.u.	输出结果
0.500	K1	0 —	0 —	0.012～0.976 —	0.518～3.377 (0.5033, 1.121)	0.165～4.038 —	K1
	K2	0 —	0 —	−0.645～0.974 (0.5030, −0.115)	1.102～3.157 (0.5003, 1.483)	0.186～3.708 —	K2
	K3	0 —	0 —	0.002～1.003 (0.5003, 0.990)	0.002～1.013 (0.5003, 1.011)	−0.660～6.302 (0.5021, 0.462)	K3
	K4	0 —	0 —	0.016～0.956 —	0.001～0.965 —	0.165～4.757 (0.5003, 0.552)	K3 或 K4
	K5	0 —	0 —	0.988～1.011 (0.5003, 0.990)	0.986～1.023 (0.5003, 1.000)	−0.504～−0.493 —	K5
	K6	0.165 ~ 4.037 (0.5003, 0.552)	0 —	— —	— —	— —	K6
	K7	0 —	0.011～6.303 (0.5003, 0.659)	— —	— —	— —	K7
	K8	0 —	0 —	0.506～2.127 (0.5003, 1.492)	— —	— —	K8
0.504	K1	0 —	0 —	0.025～0.987 —	1.201～3.732 (0.5043, 1.152)	0.141～3.734 —	K1
	K2	0 —	0 —	−0.656～0.974 (0.5069, −0.086)	1.113～2.938 (0.5043, 1.565)	0.178～3.581 —	K2
	K3	0 —	0 —	0.017～0.936 —	0.001～0.955 —	0.174～4.747 (0.5043, 0.668)	K3 或 K4
	K4	0 —	0 —	0.001～0.963 —	0.001～0.963 —	0.130～4.985 (0.5043, 0.665)	K3 或 K4
	K5	0 —	0 —	0.984～1.011 (0.5043, 1.010)	0.984～1.017 (0.5043, 1.010)	−0.504～−0.491 —	K5

续表

故障时刻/s	故障类型	I_Y/p.u.	I_D/ p.u.	I_{dH}/ p.u.	I_{acY}/ p.u.	I_{dN}–I_{dH}/ p.u.	输出结果
0.504	K6	0.165～4.037	0	—	—	—	K6
		(0.5043, 0.617)	—	—	—	—	
	K7	0	0.173～4.748	—	—	—	K7
		—	(0.5043, 0.671)	—	—	—	
	K8	0	0	0.633～2.267	—	—	K8
		—	—	(0.5043, 1.528)	—	—	
0.508	K1	0	0	0.015～0.971	1.116～2.784	0.196～3.911	K1
		—	—	—	(0.5083, 1.535)	—	
	K2	0	0	–0.653～0.971	1.117～2.840	0.196～2.954	K2
		—	—	(0.5110, –0.125)	(0.5083, 1.1519)	—	
	K3	0	0	0.017～0.936	0.384～0.943	0.884～3.446	K3 或 K4
		—	—	—	—	(0.5083, 1.586)	
	K4	0	0	0.026～0.988	0.001～0.963	0.191～5.149	K3 或 K4
		—	—	—	—	(0.5083, 0.675)	
	K5	0	0	0.984～1.011	0.984～1.017	–0.504～–0.491	K5
		—	—	(0.5043, 1.010)	(0.5083, 0.994)	—	
	K6	0.197～3.910	0	—	—	—	K6
		(0.5083, 0.687)	—	—	—	—	
	K7	0	0.064～2.988	—	—	—	K7
		—	(0.5083, 0.673)	—	—	—	
	K8	0	0	0.479～2.180	—	—	K8
		—	—	(0.5083, 1.535)	—	—	
0.512	K1	0	0	0.023～0.955	0.205～2.157	0.189～4.381	K1
		—	—	—	(0.5123, 1.487)	—	
	K2	0	0	–0.642～0.955	1.094～2.881	0.190～3.645	K2
		—	—	(0.5149, –0.101)	(0.5123, 1.504)	—	
	K3	0	0	0.392～0.962	0.485～0.938	0.952～2.567	K3 或 K4
		—	—	—	—	(0.5123, 1.467)	
	K4	0	0	0.006～0.970	0.001～0.961	0.201～5.080	K3 或 K4
		—	—	—	—	(0.5123, 0.699)	
	K5	0	0	0.987～1.013	0.985～1.025	–0.505～–0.492	K5

续表

故障时刻/s	故障类型	I_{Y}/p.u.	I_{D}/ p.u.	I_{dH}/ p.u.	I_{acY}/ p.u.	$I_{dN}-I_{dH}$/ p.u.	输出结果
0.512	K5	—	—	(0.5123, 0.990)	(0.5123, 0.989)	—	K5
	K6	0.189～4.381	0	—	—	—	K6
		(0.5123, 0.678)	—	—	—	—	
	K7	0	0.015～0.680	—	—	—	K7
		—	(0.5123, 0.138)	—	—	—	
	K8	0	0	0.631～2.030	—	—	K8
		—	—	(0.5123, 1.494)	—	—	
0.516	K1	0	0	0.012～0.993	0.675～1.341	0.183～5.126	K1
		—	—	—	(0.5242, 1.155)	—	
	K2	0	0	−0.651～0.977	1.135～3.234	0.207～3.751	K1
		—	—	(0.5189, −0.077)	(0.5163, 1.563)	—	
	K3	0	0	0.553～1.013	0.552～1.025	−0.674～2.992	K3
		—	—	(0.5163, 1.010)	(0.5163, 1.009)	(0.5223, 0.513)	
	K4	0	0	0.002～0.9993	0.001～0.951	0.183～4.887	K3 或 K4
		—	—	—	—	(0.5163, 0.639)	
	K5	0	0	0.984～1.013	0.989～1.025	−0.505～−0.491	K5
		—	—	(0.5163, 1.010)	(0.5163, 1.009)	—	
	K6	0.182～5.056	0	—	—	—	K6
		(0.5163, 0.636)	—	—	—	—	
	K7	0	0.035～2.922	—	—	—	K7
		—	(0.5163, 0.674)	—	—	—	
	K8	0	0	0.593～2.223	—	—	K8
		—	—	(0.5163, 1.576)	—	—	
0.520	K1	0	0	0.024～0.987	0.513～1.740	0.165～4.008	K1
		—	—	—	(0.5234, 1.205)	—	
	K2	0	0	−0.660～0.973	1.113～3.147	0.186～3.705	K2
		—	—	(0.5229, −0.094)	(0.5203, 1.495)	—	
	K3	0	0	0.003～1.004	0.002～1.025	−0.667～6.281	K3
		—	—	(0.5203, 0.999)	(0.5203, 1.022)	(0.5220, 0.249)	
	K4	0	0	0.005～0.988	0.001～0.962	0.165～4.717	K3 或 K4
		—	—	—	—	(0.5203, 0.552)	

续表

故障时刻/s	故障类型	I_Y/p.u.	I_D/ p.u.	I_{dH}/ p.u.	I_{acY}/ p.u.	I_{dN}–I_{dH}/ p.u.	输出结果
0.520	K5	0	0	0.983～1.004	0.981～1.025	−0.501～−0.491	K5
		—	—	(0.5203, 0.999)	(0.5203, 1.022)	—	
	K6	0.165～4.008	0	—	—	—	K6
		(0.5203, 0.554)	—	—	—	—	
	K7	0	0.035～6.284	—	—	—	K7
		—	(0.5203, 0.665)	—	—	—	
	K8	0	0	0.593～2.223	—	—	K8
		—	—	(0.5123, 1.494)	—	—	